U0097963

我生命中的心靈紀事
Ong Iok-tek
王育德著
邱振瑞 等譯

總序

日本昭和大學名譽教授　黃昭堂

轉瞬間，王育德博士逝世已經十七年了。現在看到他的全集出版，不禁感到喜悅與興奮。

出身台南市的王博士，一生奉獻台灣獨立建國運動。台灣獨立建國聯盟的前身台灣青年社於一九六〇年誕生，他是該社的創始者，也是靈魂人物。當時在蔣政權的白色恐怖威脅下，整個台灣社會陰霾籠罩，學界噤若寒蟬，台灣人淪爲二等國民，毫無尊嚴可言。王博士認爲，台灣人唯有建立屬於自己的國家，才能出頭天，於是堅決踏入獨立建國的坎坷路。

台灣青年社爲當時的台灣人社會敲響了希望之鐘。這個以定期發行政論文化雜誌《台灣青年》，希望啓蒙台灣人的靈魂、思想的運動，說起來容易，實踐起來卻是非常艱難的一樁事。

當時王博士雖任明治大學商學部的講師，但因爲是兼職，薪水寥寥無幾。他的正式「職業」是東京大學大學院博士班學生。而他所帶領的「台灣青年社」，只有五、六位年輕的台灣留學生而已，所有重擔都落在他一人身上。舉凡募款、寫文章、修改投稿者的日文原稿、校正、印刷、郵寄等等雜務，他無不親身參與。

《台灣青年》在日本首都東京誕生，最初的支持者是東京一帶的台僑，後來漸漸擴張到神戶、大阪等地。尤其很快地獲得日益增加的在美台灣留學生的支持。後來台灣青年社經過改組為台灣青年會、台灣青年獨立聯盟，又於一九七〇年與世界各地的獨立運動團體結合，成立台灣獨立聯盟，以至於台灣獨立建國聯盟。王博士不愧為一位先覺者與啓蒙者，在獨立運動的里程碑上享有不朽的地位。

在教育方面，他後來擔任明治大學專任講師、副教授、教授。在那個時代，當日本各大學猶尚躊躇採用外國人教授之際，他算是開了先鋒。他又在國立東京大學、埼玉大學、東京外國語大學、東京教育大學、東京都立大學開課，講授中國語、中國研究等課程。尤其令他興奮不已的是台灣話課程。此是經由他的穿梭努力，首在東京都立大學與東京外國語大學開設的。前後達二十七年的教育活動，使他在日本眞是桃李滿天下。他晚年雖罹患心臟病，猶孜孜不倦，不願放棄這項志業。

他對台灣人的疼心，表現在前台籍日本軍人、軍屬的補償問題上。這群人在日本治台期間，或自願或被迫從軍，在第二次大戰結束後，台灣落到與日本作戰的蔣介石手中，他們既不敢奢望得到日本政府的補償，連在台灣的生活也十分尷尬與困苦。一九七五年，王育德博士號召日本人有志組織了「台灣人元日本兵士補償問題思考會」，任事務局長，舉辦室內集會、街頭活動，又向日本政府陳情，甚至將日本政府告到法院，從東京地方法院、高等法院、到最高法院，歷經十年，最後不支倒下，但是他奮不顧身的努力，打動了日本政界，於一九八六年，日本國會超黨派全體一致決議支付每位戰死者及重戰傷者各兩百萬日圓的弔慰金。這個金額比起日本籍軍人得到的軍人恩給年金顯然微小，但畢竟使日本政府編列了六千億日幣的特別預算。這個運動的過程，以後經由日本人有志編成一本很厚的資料集。這次【王育德全集】沒把它列入，因爲這不是他個人的著作，但是厚達近千頁的這本資料集，很多部分都出自他的手筆，並且是經他付印的。

王育德博士的著作包含學術專著、政論、文學評論、劇本、書評等，涵蓋面很廣，而他的《閩音系研究》堪稱爲此中研究界的巔峰。王博士逝世後，他的恩師、學友、親友想把他的這本博士論文付印，結果發現符號太多，人又去世了，沒有適當的人能夠校正，結果乾脆依照他的手稿原文複印。這次要出版他的全集，我們曾三心兩意是不是又要原封不動加以複印，最後終於發揮我們台灣人的「鐵牛精神」，兢兢業業完成漢譯，並以電腦排版成書。此書的出版，諒是全世界獨一無二的經典「鉅著」。

關於這本論文，有令我至今仍痛感心的事，即在一九八〇年左右，他要我讓他有充足的時間改寫他的《閩音系研究》，我回答說：「獨立運動更重要，修改論文的事，利用空閒時間就可以了！」我眞的太無知了，這本論文那麼重要，怎能是利用「空閒」時間去修改即可？何況他哪有什麼「空閒」！

他是我在台南一中時的老師，以後在獨立運動上，我擔任台灣獨立聯盟日本本部委員長，他雖然身爲我的老師，卻得屈身向他的弟子請示，這種場合，與其說我自不量力，倒不如說他具有很多人所欠缺的被領導的雅量與美德。我會對王育德博士終生尊敬，這也是原因之一。

我深深感謝前衛出版社林文欽社長，長期來不忘敦促【王育德全集】的出版，由於他的熱心，使本全集終得以問世。我也要感謝黃國彥教授擔任編輯召集人，及《台灣——苦悶的歷史》、《台灣話講座》以及台灣語學專著的主譯，才能夠使王博士的作品展現在不懂日文的同胞之前，使他們有機會接觸王育德的思想。最後我由衷讚嘆王育德先生的夫人林雪梅女士，在王博士生前，她做他的得力助理、評論者，王博士逝世後，她變成他著作的整理者，【王育德全集】的促成，她也是功不可沒。

序

王雪梅

育德在一九四九年離開台灣，直到一九八五年去世爲止，不曾再踏過台灣這片土地。

我們在一九四七年一月結婚，不久就爆發二二八事件，育德的哥哥育霖被捕，慘遭殺害。

一九四九年，和育德一起從事戲劇運動的黃昆彬先生被捕，我們兩人直覺，危險已經迫近身邊了。在不知如何是好，又一籌莫展的情況下，等到育德任教的台南一中放暑假之後，育德才表示要赴香港一遊，避人耳目地啓程，然後從香港潛往日本。

一九四九年當時，美國正試圖放棄對蔣介石政權的援助。育德本身也認爲短期內就能再回到台灣。

但就在一九五〇年，韓戰爆發，美國決定繼續援助蔣介石政權，使得蔣介石政權得以在台灣苟延殘喘。

育德因此寫信給我，要我收拾行囊赴日。一九五〇年年底，我帶着才兩歲的大女兒前往日本。

我是合法入境，居留比較沒有問題，育德則因爲是偷渡，無法設籍，一直使用假名，我們夫婦名不正，行不順，當時曾帶給我們極大的困擾。

一九五三年，由於二女兒即將於翌年出生，屆時必須報戶籍，育德乃下定決心向日本警方自首，幸好終於取得特別許可，能夠光明正大地在日本居留了，我們歡欣雀躍之餘，在目黑買了一棟小房子。當時年方三十的育德是東京大學研究所碩士班的學生。

他從大學部的畢業論文到後來的博士論文，始終埋首鑽研台灣話。

一九五七年，育德爲了出版《台灣語常用語彙》一書，將位於目黑的房子出售，充當出版費用。

育德創立「台灣青年社」，正式展開台灣獨立運動，則是在三年後的一九六〇年，以一間租來的房子爲據點。

在育德的身上，「台灣話研究」和「台灣獨立運動」是自然而然融爲一體的。

育德去世時，從以前就一直支援台灣獨立運動的遠山景久先生在悼辭中表示：「即使在你生前，台灣未能獨立建國，但只要台灣人繼續說台灣話，將台灣話傳給你們的子子孫孫，總有一天，台灣必將獨立。民族的原點，既非人種亦非國籍，而是語言和文字。這種認同，最具體的證據就是『獨立』。你是第一個將民族的重要根本，也就是台灣話的辭典編纂出版的台灣人，在台灣史上將留下光輝燦爛的金字塔。」

記得當時遠山景久先生的這段話讓我深深感動。由此也可以瞭解，身爲學者，並兼台灣獨立運動鬥士的育德的生存方式。

育德去世至今，已經過了十七個年頭，我現在之所以能夠安享餘年，想是因爲我對育德之深愛台灣，以及他對台灣所做的志業引以爲榮的緣故。

如能有更多的人士閱讀育德的著作，當做他們研究和認知的基礎，並體認育德深愛台灣及台灣人的心情，將三生有幸。

一九九四年東京外國語大學亞非語言文化研究所在所內圖書館設立「王育德文庫」，他生前的藏書全部保管於此。

這次前衛出版社社長林文欽先生向我建議出版【王育德全集】，說實話，我覺得非常惶恐。《台灣—苦悶的歷史》一書自是另當別論，但要出版學術方面的專著，所費不貲，一般讀者大概也興趣缺缺，非常不合算，而且工程浩大。

我對林文欽先生的氣魄及出版信念非常敬佩。另一方面，現任教東吳大學的黃國彥教授，當年曾翻譯《台灣—苦悶的歷史》，此次出任編輯委員會召集人，勞苦功高。同時，就讀京都大學的李明峻先生數度來訪東京敝宅，蒐集、影印散佚的文稿資料，其認眞負責的態度，令人甚感安心。乃決定委託他們全權處理。

在編印過程中，給林文欽先生和實際負責編輯工作的邱振瑞先生以及編輯部多位工作人員造成不少負荷，偏勞之處，謹在此表示謝意。

二〇〇二年六月　王雪梅謹識於東京

目次

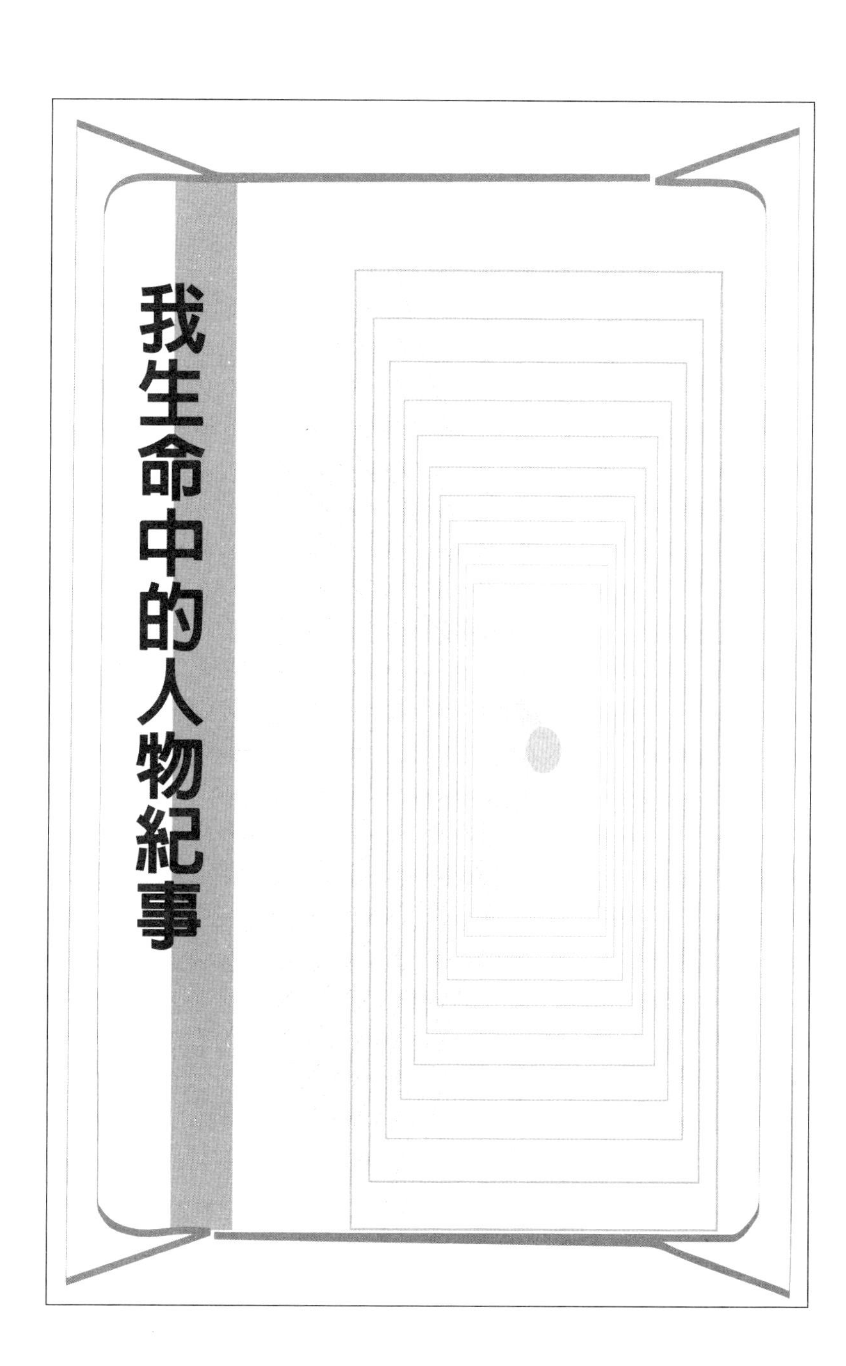
我生命中的人物紀事

兄哥王育霖之死

因爲沒有見到屍體，我的兄哥究竟何時死去的，至今仍然不詳。起初，家人們認爲屍體沒有出現就算是佳音，努力地相信他可能被困在火燒島或某地，應該還好端端地活着，總有一天會悄悄地回來。

然而，他並非一個不會想到把信裝進瓶子裡，讓它流向大海的笨男人。只是，傳送兄哥親筆家書的人始終未出現，我們也只能認定，他是已經不在這人世間了。

其實，在二二八發生那一年的晚春某個夜裡，我看見他頭上從右後腦到左眼窩以及右太陽穴處被開了兩個洞，他一邊溫和地笑著，一邊走進我的寢室來，身上的白襯衫都被血染透了。我心想他遭到逮捕時，應該是帶有一只特別裝滿衣物的皮箱的，在這麼寒冷的夜裡，他不應只是穿著一件白襯衫呀！我正想起身責備他，才察覺兄哥口中喃喃低語着：

「阿德，一切拜託你了！」

那是一場夢。我夢到兄哥，前後就只這麼一次。

我並沒把夢見兄哥的事對內人和兄嫂說起。我獨自在心底絕望地認定：兄哥確實已被槍殺了。

他頭部苦挨了兩槍，一定是當場死亡的！若是當場死亡，那就是沒感到多大痛苦便死去了吧？這一點倒還可堪聊慰。

我憶及兄嫂每天背著剛出生的嬰兒頻向路人打探消息，徘徊在台北市郊曾出現屍體處的情景。今天是南港、明天是大橋頭，兄嫂一心只想找到兄哥的遺體，毫無畏懼地辨識起每具屍體。而人們一下子說那是施江南或某某人，一下子又說在南港的溝渠發現一具名人的屍體，全身赤裸，睪丸被踢得稀爛。（據說南港的基隆河轉折處，當時浮現六、七具著名人士的腐屍。）與之相比，我認爲被槍殺反而是一種恩典了。

我們家始終沒爲兄哥舉行葬禮。雖然舉行盛大的喪禮，某種程度上可視爲對政府的洩憤，但辦葬禮沒有屍體或遺骨是不成的。可是也由於父母及其他兄長的掛念，我們最後還是在寺廟爲他辦過簡單的法會了事。那場法會也是在不知兄哥的祭日下完成的，眞是荒謬。

爲什麼兄哥非要被逮捕、被槍殺不可呢？我至今仍不知其確實的罪狀。

家母曾將事件歸咎於大稻埕賣私菸的老婦人，要不是她賣私菸，就不會發生二二八事件，我的兄哥也就不會遇害了。這是家母的三段論法。

家母還把不知妥協、不同流合污等責任加在兄哥身上。

我想，把起因怪在老婦人身上，只能置之一笑了，但若把原因歸諸於兄哥的性格，卻是有一點道理的。

兄哥一九四四年任職於京都地方法院，是第一位台灣籍的檢察官。這是受到東大的恩師田中耕太郎及小野清一郎之極力推薦的。當時還是重考生的我，對兄哥的新職半是嫉妒、半是擔憂，因而曾忠告他不要成爲人見人怕的檢察官。

兄哥坦告他只有一次發揮「人見人怕」的本色而使用了暴力，因爲有個日籍嫌犯對他叨唸地說：

「你這個傢伙是台灣人，有權利調查我嗎？」

兄哥一聽，不由得怒火中燒，大喊了一句便衝過去狠狠地痛毆他一頓。

一九四六年正月，兄哥搭船急忙回到台灣。恐怕這才是他被槍殺的一大因素吧。他是戰爭結束之後，受到京都地區華僑團體的總務部長等的舉薦，並切身有感於「爲祖國、爲故鄉，歸國服務吧！」的口號，想爲台灣人做事，便決定付諸實現的。

他在家賦閒了半年左右，才以新竹地方法院檢察官的身份前往赴任。他的上司，主任檢察官是一位姓張的中國人，一向體弱多病，大小事情幾乎都由兄哥承辦。

我至今才瞭解，當時新竹地方的政界其實已捲起一股巨大漩渦，兄哥正是自覺或不自覺地身處其中。

不知因何緣故，新竹市長郭紹宗和新竹縣長劉啓光交惡，每每處於對立狀態。但郭是省民政處長周一鶚(或許是警務處長胡福相)的忠心黨羽，而周一直是陳儀的第一心腹。另一方面，劉是人盡皆知的半山大人物，而且還擁有相當的背景。身處這種行政官員的對立之中，令人不得不感嘆無法保持超然的立場，但儘管如此，兄哥最後還是接受了劉的「認親」接近。

但是，在當時高喊「粵人治粵、台人治台」及「聯省自治」口號的政治環境中，台灣人的高度自治曾被熱烈地議論。兄哥對半山的劉感到親近，也不是全無道理的。

當時，台灣遭逢前所未有的嚴重糧荒。政府雖禁止囤積食糧，但缺德商人的走私行徑從不曾絕跡。兄哥對於新竹地方的缺德商人，一概毫不留情地予以逮捕，從新竹地方到全島的報紙，莫不極力讚揚兄哥的快人之舉與鐵腕作風，省民也報予熱烈的喝采。但商人們哀求兄哥說：貿易局肆無忌憚地走私，你不去抓，光是抓我們這些小魚，未免太過份了，何不放我們一馬？許多人都是帶著紅包前來的，但全被兄哥退回了。

不知是因爲受到商人們控訴的刺激，還是已經進行了愼重的內部評估，兄哥糾舉不法的鐵手已經觸及到郭市長身上了。兄哥雖然好幾次傳他出面，但郭是不將法律威嚴當一回事的人，一副完全不搭理的樣子。在這期間，他依照往例派人到兄哥住家，試圖用鈔票收買兄哥。最後，我生氣的兄哥終於調動一隊司法警察，進行包圍市政府、強制搜索的調查行動。後來我聽兄嫂說，這件事似乎是受到了劉的挑唆所致。

話雖如此，依兄哥的性格，他並不會淪落爲劉的黨羽。高校時代，他即使因爲罹患肋膜炎而延遲了一年，並且在大學考試時又重考一年，但也一直認爲別人是別人，我是我，始終謹守自己的步調前進，最後反而於大學在學中通過嚴格的檢察官任用考試。他也克服了長期的肋膜炎，取得空手道一段的資格，是一個肉體與精神都健全的人。

如果要找毛病的話，他倒是有一個缺點。那就是常成爲我倆爭吵之源的「法律的人生觀」。這是我對他太過規規矩矩、無法通融的一面感到憤慨而反駁的惡言，他被我這麼一說，也用一副鄭重其事的表情說：

「說得好，那麼，你的人生觀又是什麼？」

「我啊！嗯，我是文學的人生觀啊！」

在日本，曾有法官因不買黑市物資而餓死的事例，儘管兄哥不致於那麼不知融通，但那陣子兄哥的生活也絕不輕鬆，仍是靠着家裡或兄嫂娘家接濟。兄嫂面對眼前的紅包猛吞口水的複雜心情，並沒有讓兄哥察覺。

包圍市政府強制搜索，無疑是一場博得衆人喝采的趣味寫實劇，但無論怎麼說，兄哥在此都要被記上一大缺失。我的記憶中也有幾處疑點。據說，拿著搜索令的書記官受到市長的欺騙，搜索令不知是被搶走或遺失，竟反被市長指控爲違法搜查，最後只好吞下眼淚無功折返。總之，還沒成功地檢舉市長，張主任檢察官已勞心致死，兄哥爲承擔責任，也辭職了。

辭去檢察官的工作後，兄哥一點也沒有意志消沈。他想到台北謀發展，因而在陳文彬先生（同為海外歸國的一員，二二八事件後逃脫至大陸，現任中華人民共和國文字改革委員會委員，台盟盟員）任職校長的建國中學，找到教公民和英語的教職，他原準備要當律師，但辭去現職後，如果沒經過一年半載，律師執照下不來，他就用這段日子來爭取時間。

但是，台北的台籍有力人士是不會將兄哥只視爲一個中學教師而置之不理的，他不久即被林茂生和王添灯先生主導的《民報》招聘爲法律顧問。我不知道他到底負責處理什麼樣的法律問題，只知道他不知幾時寫了一本《提審法概要》的小册子，無不令人對他的精力感到驚訝。我是一個法律的門外漢，對書中內容不甚瞭解，但其中有一主旨指出，要逮捕一個人，須於二十四小時之內完成法定手續，並決定釋放或繼續拘留。有關這項解釋，在剛制定完成的中華民國憲法中，也是混淆不清的。然而撰寫那種專書的作者，竟被不分青紅皀白地逮捕，別說是二十四小時，而是永遠地回不來了。命運眞是諷刺人啊！

兄哥和我都夢想著光明的前途，從小，我們就誓言要成爲台灣的古樂格兄弟。兄哥說，憲法在台灣實施後，他要出來競選立法委員。我則繼續從事戲劇文化工作，有關法律方面的事，就看兄哥了。

那段時日，兄哥那些居住在台北的「台北高校」前後期同窗經常相偕到從前的老師、當時爲美國領事館副領事的卡爾家去。卡爾家在北門，只要一去到他的住處，吃的喝的，當然是無限量供應，大家盡情狂放喧鬧。

二二八事件就在那時發生了。

兄哥最後待在台南的家，大約是距此一個月前的一月卅一日或二月一日。因爲一月三十日，我們還一起出席了高雄市楊金虎先生（後來的國大代表）的公子冠雄君的結婚喜宴。新郎是我們台北高校畢業的學弟，和新娘錦心小姐則是自小就相識。在高雄市，我和兄哥個別行動，午後，兄哥和王石定先生相談甚歡。王先生的上一代王沃先生和家父同爲王姓宗親會的理事，因仰慕年輕的石定先生大名，決誓父子二代續以深交。王先生在當時是罕見的擁有自用車的人，他有幾十艘拖網漁船，是市參議員兼漁會會長。與王先生結束談話之後，兄哥覺得好像得到百萬雄兵一般地高興。這位王先生後來也遭逢了彭孟緝的魔手，先兄哥一步被殺害了，眞是可憐。

我聽到台北發生暴動，雖然擔心兄哥的安危，但怎麼也沒有想到他竟會被逮捕喪命。

三月六日或七日，我幾乎同時接到了兄哥的長信和簡短的電報。電報的內容是：

急速送來米穀存摺，配給所需。我擔憂台北的糧荒已經比我想像的更嚴重了。

而長信署日是二月二十八日，大致這樣寫道：

昨晚，在大稻埕的山水亭和陳逸松先生（後來擔任考試委員）及王井泉先生（山水亭老闆，戲劇界泰斗）飲酒時，發生了查緝員傷害那位賣香菸的老婦人的騷動事件。市民都跑出來看示威抗議，我看到整個城市鬧哄哄，必定會發展成大規模的政治鬥爭。我們的時代似乎提早地來到了。我們要振奮起來！不過，我完全沒有接觸到這場動亂，請安心。

我的擔憂立刻煙消雲散，反倒覺得心驚肉跳了。然而，自那之後，他便斷絕了音訊。過了三月中旬，有一位親戚才來信告知，兄哥好像於十四日左右遭到逮捕了，家中爲之震驚，我聯絡對方，要他詳告兄嫂，但不知何故，一點回音也沒有。在無法忍受苦等之下，我焦慮地想到台北去一探究竟，但我自己也身處險境，無法出家門一步。

爲什麼說我身處險境呢？因爲在此之前，我在台南從事戲劇活動，曾在戲劇上諷刺和批判政府。有一回，教育處曾透過我任職的中學校長對我發出了嚴重的警告。

家中除了我之外，也出了二位「勇士」。二姊夫在台南工學院（前台南高工）任職教授，也擔任該校處理委員會的副主任，連日出席會議。而排行在我下面的弟弟和四五位朋友，不知從何處獲得槍械，曾開往關廟和佳里的鄉下作戰。

後來憲兵隊來家搜查，他們用小型機關槍抵住父親，要他帶路，據說父親曾遲疑一陣，不知要將他們帶往哪個房間。結果，他們的目標是姊夫，還好我這位姊夫有點口吃，也許是盤查時哀叫告饒吧，第二天被無罪釋放了，而正當我們感謝神明保祐一家平安後不久，便傳來了兄哥的噩耗，才知是空歡喜一場。

半年後，兄嫂放棄了找尋。她一副落寞神傷的可憐模樣，帶著兩個兒子從台北回來了。我在月台上一見到兄嫂，雙眼潰堤般地淚流不止。一到家後，我放聲大哭。父親一半驚慌、一半生氣地責罵了我，說：

「我不是捨不得拿出錢來，而是花錢也沒用。」

兄嫂滿臉淚水，談起那天逮捕的情況：

大概是三月十四日吧，接近正午時分，四、五名便衣隊悄然無聲地進入兄哥夫婦租賃的家，家人都被叫了出來，男生們一一被語氣尖銳地詰問：

「你是王育霖？」

他們沒有拘捕令，也沒有畫像。兄哥一瞬間臉色發青，只好佯裝自己不是王育霖。但接下來他們一一進行搜身，就在西裝內袋發現了王育霖的名字，兄哥終於落入了他們的手中。

「你跟我們去一下！」

「不用帶行李嗎？」

「帶些隨身必需品！」

爲此，兄嫂以顫抖的手幫兄哥塞滿了一皮箱的換洗衣物，兄哥提著沉甸甸的皮箱，被押進停在不遠處的吉普車內。兄嫂想要追上去，卻被殿後的便衣人員趕走了。

兄嫂一方面擔心兄哥此去可能久久難返，一方面又安慰自己，也許只是判徒刑而已。

後來，兄嫂投注心力在整個台北市來回奔走。她最先去哭求的人是劉啓光。劉嘴裡雖說：王太太請放心，我一定會盡全力的。但每次只是重覆相同的話，看不出絲毫眞心幫忙的跡象。兄嫂無奈地咬緊嘴唇，只好又向住在附近的王白淵先生（文化界泰斗，兄哥曾為我引見）哀求看看。兄嫂曾向很多人哭嘆求助過，我也不記得是誰和誰了。

後來，確實是三月廿三日左右，有一個人拿了一張紙條來給兄嫂。一看，上面寫著他人在西本願寺（憲兵隊的說法也一樣）。那個人曾和兄哥同囚一室，據說已獲釋放。兄嫂自此以後好幾天都到西本願寺的四周徘徊。她也曾透過某人向政府打聽王育霖的消息，獲得的回答是，「他不是被某處的流氓擄走了嗎？」兄嫂一聽，仰天痛哭。

兄哥被逮捕一事，也摻雜著偶然的因素。

他遭到逮捕的兩、三天前，曾問卡爾對今後的預測及處身之道。卡爾告訴他趕快逃走！卡爾本人駕著吉普車來往於台北街頭時，不知在哪裡遭到了狙擊，方向盤中彈，幾乎喪命。那時，就連卡爾也都準備逃跑了。我不知道兄哥聽過卡爾的忠告後，有沒有做逃亡的準備？

或者他就像往常一樣，由於沒參與事端，處之泰然也說不定。

這一天，也是卡爾離開台北的日子，據說兄哥出門去爲他送行。他已離開家門了，但中途發現沒有帶皮夾，又慌慌張張地返回家中。那皮夾是因爲兄嫂昨天出去買東西時，發現錢不夠，乃翻出兄哥西裝袋裡的皮夾，拿了一點錢，卻忘了再將皮夾放回兄哥的西裝裡。兄哥爲此返回家裡，可是不到五分鐘，便衣隊就闖入家門了。

如果兄哥那天早一點離開家門，或許可以避開被捕的惡運，何況兄嫂反應機敏，她也會通知親友或打電話要兄哥藏身暫避風頭的。家母知道兄嫂悄悄拿了兄哥皮夾內的錢一事，很長一段時間，一直埋怨是兄嫂的不小心才導致兄哥之死。

我的心情也不好，但是我不會怨恨兄嫂。天底下有誰會狠心把心愛的丈夫趕赴死地呢？我想這是命運吧。因此，我至今仍拒絕在西裝內袋織名的服務。因爲人死就是死了，名字或皮夾這些小東西不會讓人起死回生。

對我來說，「必然的偶然」與「偶然的必然」這兩句話不只是文字遊戲而已。伴隨著兄哥之死的實際感受，它是那麼嚴肅地沁進我的五臟六腑啊。

〔附記〕　王育霖生於一九一九年，台南市王汝禎家中的三男，享年廿九歲。作家邱永漢的〈檢察官王雨新〉，就是以王育霖爲藍本，添枝加葉寫成的小說，與事實不符，在此聲明。

（刊於《台灣青年》六期，一九六一年二月二十日）

（邱振瑞譯）

兄哥之死與我

這是我創立「台灣青年社」後不久的事了，國府大使館的前文化參事宋某曾向某個台灣人探聽我的事，執拗地問說：「王（育德）爲什麼會鬧出那樣的事來？」那位台灣人不知要如何說明，只好回答：「因爲他的兄哥死在你們手上啊！」這句話讓宋嗯了一聲，說：「原來如此，這就不是沒有道理了。」

有位陳某人在一九六一年一月一日的中（共）資華僑總會機關報《華僑報》寫文章提到我，說我動不動就向大學的老師提到我的兄哥在二二八事件中遭到國民黨殺害，所以我對大陸人痛恨至極。又說我只冀望台灣人的幸福，至於大陸人如何是無所謂的……。

去年三月十九日，日本的《讀賣新聞》曾刊載過阿生氏執筆的「捲入漩渦中的台灣」特別報導。文中，阿生氏對我從事台灣獨立運動一事提出微妙的註解，他說：「他的兄哥王育霖在二二八事件中被處死。由於血肉至親的死所帶來的憤怒，也許有時會使他感情用事。」

其次是最近聽到的事，有一位台灣女性——她是《台灣青年》熱心的忠實讀者——曾對人說：「總之，王先生拚命做的工作，也和他的兄哥被殺有關！」

以上兩件事和二則傳聞，雖然對我有好惡之別，但不論何者，共通點都是把我的獨立運動解釋成和兄哥的死有強烈關聯。然而，這是明顯的錯誤。我如果只簡單說說，各位也許很難瞭解，所以我再詳細說明。

宋某說：「這就不是沒有道理了。」這的確很像他身爲中國人的想法。

其實我個人是出乎意料外地索然無趣，就連夫妻之間，我也視「平淡如水」爲座右銘。待人接物（不論是男是女）皆持「來者不拒，逝者不追」的態度，而且還視「逝者爲過眼雲煙」。若是爲了替兄哥復仇而臥薪嘗膽、遺恨十年磨一劍，這不合乎我的本性。

至於《華僑報》的報導，是簡單得荒唐可笑，言不成理。

按理說，我不可能缺乏常識到向大學的系主任或指導教授坦露心中如此不堪的曲折；再者，這是有違事理的。如果因爲遭到國民黨殺害而痛恨國民黨，那我還能瞭解。但是再往上一躍、轉而憎恨起大陸人，豈不奇怪，而且他還用「徹底地」這個副詞來形容，這是什麼意思？難道我和六億五千萬中國人都有不共戴天之仇，想殺光他們不成嗎？眞是豈有此理！中國人即使在氫彈爆炸之下，也還可能有三億人延續強韌的生命力，憑我，是沒有那種暴虎馮河之勇的。我的專長是中國文學和語學。人們對自己的專業領域總會自然而然地產生孺慕之情，我雖然不是中國狂熱份子，但也喜愛中國。其次，「只冀望台灣人的幸福」等等說法就講得太超過了。如果說我將台灣人的幸福做爲第一考量，台灣人以外的事做爲第二考量的話，那確是如此。身爲台灣人，這是無可厚非的。

日本《讀賣新聞》的報導雖然只是輕描淡寫，實則是隱含惡毒的寫法。他們將兄哥不明究理被殺之事寫成「被處死」，不知是故意亦或修辭上的疏失？提到「血肉至親的死所帶來的憤怒」等等，完全是輕佻淺薄的觀察，居然把我說成只因爲「一時感情衝動」才來從事獨立運動。

那位忠實讀者提出的批判令我難受，但她對我「拚命做事」態度的肯定，我覺得非常欣慰，不過那也只是身爲台灣人應負的責任而已。

有關兄哥之死，我公開敍述自己的想法，前後只在《台灣青年》第六期刊載〈兄哥王育霖之死〉，將兄哥遇害前後的原委做客觀平淡的描寫罷了。兄哥年紀輕輕就死了，令人十分遺憾，但人死不能復生，而還活著的人，可不能讓他白白犧牲。這樣的念頭是我眞實的心境，沒有比這種想法更平凡的了。

然而，爲什麼人們會如此將我之從事獨立運動和兄哥之死聯想在一起呢？我要說，縱使兄哥沒有死，我還是會從事獨立運動的！看來他們是企圖對獨立運動或我主持的「台灣青年社」挑毛病吧。這是一項陰謀。他們只情緒性地宣傳獨立運動者全是一些在國府掌控下不得志的土豪劣紳，要不然就是渴望權力、痛恨中國人的偏狹之士，光是這一點，就足以打消人們的同情和信任了，這是他們長期對獨立運動人士相當過份的惡言。但是，令人氣結的是，所有關於對我的批判，全是無中生有的誹謗中傷。因此我認爲，可能是有人與我結怨，硬要把我的事和兄哥之死扯在一起，說我只是感情用事罷了。

對這種幼稚卑劣之徒，我打從一開始就不予理會，但適逢「二二八紀念專刊」，我覺得應該寫一篇什麼才好，再加上社會上也還存有一些誤解，對往後也不好，於是我決定動筆。

關於「死」，我或許還未到寫些像人生論那般的年紀，光是這樣的題目，我寫來恐怕也會惹人失笑。但我對大家所認人生最不幸的「死」，卻沒有那麼大的衝擊。且不談對他人之死，我即使對自己之死，也看得「平淡如水」。

自古人生誰無死。人的生存價值取決於他對這個社會有何種程度的付出與貢獻，單單長壽並不是賢能。當然，如果得以長壽，可以付出貢獻的時間自然也長，長壽有其價值，但如果光活著，卻不爲社會著想，且又礙手礙腳的話，那長壽反而是負面的。不管平均壽命如何延長，一個人何時死亡都是命中註定的。既然如此，與其何時死去都不知，就必須在當下每一刻節制自己的生活，對社會做出貢獻。二次大戰期間我寄宿於東京時，常罵隔壁房間的弟弟和其好友們總是不整理床鋪就出門去，我說：「我們不知自己何時會死，但不要在死前一瞬間才想到，啊！我的床鋪還沒有整理。」

我決定要從事獨立運動時，早就抱定必死之心了。我在這之前曾三次撿回性命。一次是一九四四年夏天，在由日本返台的東海上，我乘坐的船遭到美國潛水艇的追擊；一次是探視疏散到南庄的她時，途中遭到雙膛槍瞄準，沿路以榕樹做掩護，四處閃避；另一次則是在二二八時登上了黑名單之列。不論哪一次，我都能頑強地逃過惡運，倖存了下來。但我下次的對手可不能小覷，所以我一開始就有必死的覺悟。在想要衣錦還鄉之前，我思考的是何時何地要怎麼個死法？不說別的，就以東京交通事故的頻繁，隨時都有可能讓你被超速的車子輾死。而以我來說，更有在人少的地方被突如其來的汽車從後撞死的特製危險。但最有可能的，還是被持滅音槍的蒙面男子賞一顆子彈；或被招待吃飯時，可能還抽不完一根菸就喪命了。而即使不是被暗殺身亡，像我現在這樣的繁重職務，我想我也不可能太長壽。我渴望長壽，但如果這是宿命的話，那也沒辦法。以台灣話來講，這是「業命」——意思是人一生下來就是為體驗業障之苦。總之，我可以算是一個業命的人。

我對自己的死都可以看得如此透徹了，自然不會對兄哥之死想不開。兄哥是我最愛的血肉之親，另一方面，他可也是我憎恨的對手。因為我這位兄哥讓我充分地感受到自卑。相對於公學校六年連續當班長的兄哥，我只當過副班長；兄哥考上了台北高校普通科，我卻名落孫山；兄哥在重考一年後進入東大法學部就讀，我則重考了一年也進不到經濟學部，乃退而求其次進入文哲部；兄哥被任命為新竹的檢察官，我卻只能對中學教員的工作甘之如飴。這樣的一位勁敵突然從我眼前消失了，與其說我是悲慟兄哥之死，勿寧說我是為失去了一位勁敵而一直深感寂寞啊。

我不只對兄哥有這種哀傷。我從小就飽嚐失親之痛，很早就感到人生無常了。六歲時祖母去世，十一歲時長兄死亡，十二歲時生母也走了。不論哪一次，我都是大聲痛哭，如今想想，總覺得其中多多少少有點演戲的成份。數年前父親也死了，這次我卻是一滴眼淚也沒掉。聽說在父親即將斷氣之前，他生氣我沒有回來陪侍在側，還嘀咕道：那傢伙「果然是最不孝的兒子」！但我自認我自己才是最孝順的兒子。真正的評價，當然還要留待歷史下定論。

這樣的事終歸是私事，把它寫出來，眞有點不好意思。但那些沒心肝的傢伙，竟惡意曲解我的個人隱私，試圖將誹謗中傷加諸於我及獨立運動上，因此我非說幾句話來解釋清楚不可。也許我並沒有實際地解釋清楚，但對賢明的讀者來說，應已可理解了。

事實勝於雄辯，台灣青年社的發展和《台灣青年》的內容正是如此。這難道是出於一個人的憎惡就能做到的嗎？假若他以個人之力就能做得到，那麼，這是何等偉大的憎恨呀！但爲何充滿知性的留學生願意加入組織，愛錢如命的台僑肯給予經濟援助，你們知道原因何在嗎？那是因爲以我帶頭的所有台灣青年社的成員，純粹是基於民族之愛和科學理論而從事獨立運動的。也因此，組織才能逐日擴大，獨立運動才能持續發展。

兄哥之死是兄哥之死，我的獨立運動是我的獨立運動，這兩件事沒有任何直接的因果關聯。硬是將此牽強附會的人，若知我曾有過一段左傾的時期，眞不知道他們如何自圓其說。

二二八發生後不久，我好像被認定是台南的共產黨地下組織爭取的對象。總之，他們執意為我送來宣傳手册，雖然我只能略帶苦笑，說他們達不到目的，但我想，那是因為他們知道我在中學時相當勇敢而且鼓吹社會主義理論，才想來爭取我的。其實我的左傾思想並不是在二二八發生後才開始的，從台北高校時期起，我就有相當的接觸了。這對當時的高中生來說是一種流行吧！一九四九年夏天，我逃出台灣來到日本後，重新在東大復學。當時，我曾向神戶的《華僑文化》投稿，只要讀讀那幾篇文章，就能知道我大致的思想傾向了。而在東大中文研究室時做的有關中共的研究，至今仍成為我的強力武器。我比親共台灣人更瞭解共產主義理論，而且自信比普通人更淸楚中共的實際狀況。（我這麼寫，恐怕會再度被對手惡意拿來當反面宣傳教材，但我並不介意。）

這樣的我，為什麼會踏上獨立運動之路呢？關於這一點，我留待日後藉媒體再予說明吧。我在此只簡單提一提，中共在二二八當時是站在台灣人這一邊的，並呼籲台灣人和他們一起對抗國民黨，但他們不久便漠視台灣人了，擺出和國民黨結盟的態度。這是怎麼一回事？其中最大的衝擊莫過於對謝雪紅的惡毒打擊和整肅。而且，我們也有許多機會可以充分體會到，不管國民黨、共產黨，或無黨無派，他們對身為中國人的台灣人，其偏見、蔑視的態度都是一致的。在這期間，我研讀台灣的歷史。許多留學生來訪，我不僅告訴他們台灣的現況，同時也知道其面臨的深沈苦悶，愈來愈認爲必須尋求打開局面的方法。

我積極地獻身獨立運動可說是較遲的，因此我能做的，就是堅持到底。我以「冷酷的熱情」、至死方休地做事，這也是我的另一種性格。對我來說，平均壽命的觀念是行不通的。兄哥二十九歲便壯志未酬死去的事實，常成爲我的生死觀的基準，我心底強烈地意識到，我只要比兄哥多活十歲就應該很滿足了，而且只要我活著，這便已是兄哥做不到的事了，所以我必須結合兄哥的壯志及自己的理想，好好地發揮一番。

關於兄哥之死，就談到這裡了，今後我也不打算再寫了。我希望死者安息。遭逢橫死已經夠可憐了，卻還要受到政治性的利用擺佈，身爲罹難家屬的一員，實是於心不忍。

敵人若有任何異議的話，可以直接找我，我隨時奉陪。

（刊於《台灣青年》二十七期，一九六三年二月二十五日）

（邱振瑞譯）

倉石武四郎老師與我

倉石武四郎老師於去年十一月十四日五點五十四分，因腦溢血併發肺炎去世，享年七十八歲，可謂長壽。他曾任東大名譽教授、日中學院院長、中國語學研究會會長。

身爲和日本的中國語學最高權威的倉石老師有最深厚淵源的一介台灣人，我想以此篇文字表達對他的追思。

一九五三年，我前往警視廳自首非法入境，從獲得出入境管理局假釋、特許居住，終至解決居留問題等煩擾的漫長歲月，老師一直擔任我的保證人，除了爲我書寫好幾次的保證書和請願書之外，也陪我一道去警視廳和出入境管理局報到。

負責的警官諷刺地說：

「就算是東京大學，難道就這麼輕易讓非法入境者復學並讓他畢業嗎？」

至今，我仍記得當時老師回答的話語。

「取締非法入境者乃是警察的工作，不是大學當局管得著的事。王同學的確是我們學校的學生，他得到復學的許可後也很認眞求學，今年春天以優異的成績畢業，又在我的鼓勵下考上了研究所。我認爲，我是替日本政府做了一件很有意義的事。」

待我終於得到釋放時，老師感嘆地說：

「拜王同學之賜，我有生以來第一次進入這棟大樓。原來這是一個令人討厭的地方啊！」

當時，我對老師充滿了歉咎之意。

一九四九年夏天，我從香港順利地偷渡到日本，因不知是否可安穩地待在東京，乃拜訪了東大的中文研究室。二次大戰期間，這裡曾是支那哲文學系，現在分爲中國哲學系和中國文學語學系。老師是中國文學語學系的系主任。我一打開房門，老師的身影赫然出現在眼前。

「老師，我是王同學，您還記得我嗎？」

我話一說完，老師隔著鏡片睜開大眼，看著我說：「啊！是王同學啊！我當然記得。」

這一句話讓我得救了。我直覺到從下學年度開始，我來東大復學的事一定能實現，而我在日本的生涯規劃好像就在此時已有了着落一般。

一九四三年十月，在我進入東大支那哲文學系就讀當時，老師兼任京大和東大的授課，在惡劣的交通狀況中，他忙碌地往返於京都和東京之間。專任的系主任是研究哲學的高田眞治老師，而以攻讀文學語學爲志願的我，則多上了倉石老師的課。

有一次，一位姓岡村的朋友邀我一起去拜訪老師位於鶯谷的臨時住處，和老師第一次面對面談話。老師談及許多學問上的事，老實說，當時我不是很瞭解。

「軍部拜託我對重慶政府的文化界人士進行廣播，這事令我很困擾，我怎能做這樣的事！」

這樣子的閒談，讓我單純地覺得倉石老師眞是偉大的老師，同時興起尊敬之情。

戰爭期間，我在東大的生活十分短促，翌年五月，爲了疏散，我冒著生命危險回到台灣。從買票到出發，我只花了極短的時間，連到大學去向老師辭行的時間都沒有。因此，我和老師的重逢，已相隔五年之久了。

在這段期間，老師跟一般的日本人一樣，忍受著窮困的生活。我曾一、二次到過老師田無的住家遊玩，這是一幢會讓你懷疑它竟是東大教授的住家而淌下可憐淚水的簡陋木板房。我因爲是「第三國人」，有可以得到OSS物資的管道，因而除了時常爲老師送上麵包、咖啡或餅乾等之外，也曾送去西服的布料。

老師曾問我復學後要以什麼爲研究題目，我斬釘截鐵地回答：「研究台灣話。」

「嗯！勇氣可嘉。其實戰後不久，京都有許多年輕的研究人員從事中國的方言研究。牛島老師（現任東京教育大學教授）負責部分的福建話的講授，他一定比誰都高興這件事的。不過，日本國內到底有哪些資料，目前還是處於製作文獻目錄的階段。東大幾乎沒有研究資料，我也不知道能否給你適當的指導。」

「沒有關係，我自己總能做出一些東西。」

我後來才知道，此時的方言研究計劃，分別是福建話由牛島教授、廣東話由賴惟勤教授（他是倉石老師的女婿，現任御茶水大學教授）、客家話由石田武夫教授（現任福井工業大學教授）和田森襄教授（現任埼玉大學教授）、蘇州話由高田教授，以及北京話的音韻學研究由那須清教授（現任九州大學教授）擔任研究工作。

不論在何時、在哪一國，方言研究都是「冷門」的，光靠這項研究，是塡不飽肚子的。這個好不容易才擬定的計劃，也在老師轉到東大任教後遭到挫折。正如牛島老師對我說的：「你能來，眞是天助我耶！接下來的要拜託你了！」後來他就專心研究《史記》的語法去了。

老師又接著說：

「在大學裡，北京話的研究是主流，你也要好好的讀北京話，將來一定對你台語的研究有幫助。」

這個道理我也很清楚。

我向老師詳細說明了二二八的體驗。老師不斷地搖頭，舉出了相識的台灣友人陳文彬先生、曹欽源先生、吳守禮先生等人的名字，對這些人的安危很掛念。曹先生是我在東大時北京話的啓蒙老師，吳先生是在京大的東方文化研究所時曾蒙受老師的照顧。陳文彬先生是亡兄任職於台北建國中學時的校長，二二八發生後不久脫逃到大陸。

「可是，王同學，既然已經復學了，就要拚命地用功哦！」

我向倉石老師定下君子協定：在學期間絕不碰觸政治運動。我當然知道在香港滯留期間認識的廖文毅在東京組織了「臨時政府」，最後又從事獨立運動。我不只是知道而已，在許多紀念會上，爲了激勵群衆，我也出席了。但僅此而已，不會妨礙我的求學，也不違反我和老師之間的君子協定。我這麼說服自己。

這段期間，我聽說陳文彬先生在北京任職於文字改革委員會，由於他一心想瞭解亡兄的最後生涯，我和他有書信往返。陳先生的來信提及「不只爲令兄而已，爲了替許多死於非命的台灣人報仇，我自己投身於中國共產黨，我勸你也渡海來大陸」等內容。

一九五一年，我就讀大學二年級的秋天，正是舊金山和約簽署，接著又是締結日美安保條約的時刻，校園裡總被騷動的氣氛所籠罩。「POPORO事件」爆發時（譯註：一九五二年東京大學自POPORO劇團於校內表演戲劇時遭便衣警察臥底調查，便衣警察反被學生沒收示別證而引發的衝突事件），我好幾次在現場目擊了學生和警衛隊的衝突。同學們激動地抗議大學自治受到干預和警察蠻橫。

「哼！換成是蔣介石的話，一定包圍大學，用機關槍掃射呢！」

用這種惹人厭惡的口氣說話的我，在中文系裡是特異份子。

倉石老師特別費心的是外籍講師的中國文學課程，繼謝冰心女士教老舍的《二馬》之後，又從剛簽訂日華和約的台灣招聘台灣大學的伍俶教授來教六朝文學，但沒料到就在老師跟前的中文研究室掀起了強烈的反彈，老師一手栽培的學生們都變成了急先鋒。不僅中文系，連整個文學系全都加入了共同鬥爭的組織。（譯註：日本全國戰鬥委員會的簡稱。是另一個學生左翼組織，五〇～六〇年代成員激增，自此以後，由於山頭主義和激烈手段，遭到民眾反對，漸漸式微。）

他們反對的理由是，「國民政府不承認中國大陸」、「從台灣來的人是間諜」。「國民政府不承認中國大陸」這一點，我也有同感，但是就因爲謝冰心女士是中華民國駐日代表團的家人，去年沒有反對她任教，這次卻反對，這是說不通的。至於說「從台灣來的人是間諜」，這使我無法沈默下去。

「喂喂！不要說些混帳話！我就是從台灣來的，我是間諜嗎？」

「……，王先生你是例外。」

倉石老師進退兩難。因爲招聘伍教授是他好幾次到文部省交涉的結果，也因爲這是東大的迫切要求，文部省才特准的。而當事人伍教授在不知情下已經由台灣出發了。老師對每個學生勸解無效，已有在最壞情況下辭職的覺悟。師母含淚向我泣訴說：「這簡直是恩將仇報！」但我也不知如何安慰她。

記得是在講授東洋史的時間，我和十幾個聽講者在教室等待上課之際，有一個學生進來分發傳單，並開始煽動地演說起來。

「……恐怕那位伍教授是用方言上課，聽說他被捧成是六朝文學的大家，這豈不是侮辱學生太甚嗎？」

「等一下！」

「什麼事？」

他隨即做出防備的動作，臉色爲之漲紅了。

「伍教授講的話我曾聽過一次，那是浙江口音的不標準的北京話，不是方言。你知道什麼是中國方言嗎？」

那位男同學什麼也答不出，倉皇地逃出去了。回到研究室後，我獨自激動悲憤，松本昭（現任東京教育大教授）對我說：「原來是王同學啊！哎呀！法文系的渡邊同學散發傳單回來後，憤恨不平！他說在某間教室被人訓了一頓，很丟臉。但如果是王同學做的，那一定是對方不對了。」

大學三年級的最後一個學期（舊制的最後一學期），我忙於寫論文，很少到學校去。

十月一個下著大雨的午後，門口傳來「有人在家嗎？」的聲音，出去一看，這豈不是倉石老師被淋得濕透地站在那兒嗎？我和內人二個誠惶誠恐趨前招呼，老師喘了一口氣，開口便說：

「我的第六感很厲害吧！」

「咦？」

「王同學你家有小孩是吧？那麼應該有看過小兒科醫生囉，因此，我想向附近的醫院打聽你的住處，但一走進這條巷子，他們竟告訴我隔壁就是王家。哈哈哈！」

原來如此，我眞是佩服。

「但是，老師您這麼忙，爲什麼在這下大雨的日子裡還……」

「其實，有件事想請王同學幫忙，希望你幫我和研究室一臂之力？」

老師既這麼說，縱使赴湯蹈火，我也應在所不辭。

「伍教授說不想教了，要回國去。」

「情況怎麼如此糟糕？」

「他說一個學生也不來，教下去也沒有意義。」

「你知道罷課運動還在持續嗎？雖然如此，聽說藤堂（明保）教授和助教近藤老師（現任御茶水大學教授）及留學內地的片岡教授（現任岩手大學教授）講課，並沒有受到妨礙。」

「伍教授因爲連一個正規的學生都沒有，被批評不成體統。被這麼說，也是理所當然啦……因此，我要拜託你的是，請你務必前去聽課。」

伍先生的課是星期四，這天我不需到學校，而且是最後的第四節，時段相當不好，如果非得出門不可的話，說痲煩還眞是痲煩。我雖然有點對不起老師，還是裝模作樣地說：

「我最近剛好趕寫論文，逼得有點緊……」

「是王同學的話，畢業論文一定有辦法的！」

老師對表情困惑的我一笑置之。

從隔週開始，我出席了伍教授的課。

警戒的狀態還持續著。通往演習室的狹小通道上，反對派的同級學生們並排站立，不擠過他們的行列恐怕無法進到演習室。我想起了以前在日本子弟就讀的中學裡被毆得很慘的記憶，開始緊張了。但眞不愧是東大的學生，並沒有發生暴力事件。

伍教授喜歡喝茶，上課之前會到學生休息室去倒一杯茶來，上課中慢慢啜飲。我知道教授的這個習慣後，於上課前就在桌上替教授準備好茶水，教授笑容滿面地連說「謝謝」。教科書是《文心雕龍》，內容已經很難了，教授的方言更難懂。雖然我曾替教授辯護，說他是浙江口音的北京話，但由於他和蔣介石是同鄉，所講的話我也僅能聽懂兩三分而已。藤堂教授也非常苦惱，只口譯了重點。

仔細想想，竟還有如此享受的學生？爲了我一個人，日本政府和倉石老師特地從台灣聘來教授，還請人隨堂口譯，替我開設了一個講座。

伍教授大概以爲這是爲期一年的聘書，但翌年就沒有課了。他暫時停留在三崎町的

YMCA，我也曾和倉石老師去探望過一次，以排遣教授的無聊。後來，伍教授沒有回到台灣，轉到香港的中文大學任教去了。

我的畢業論文並沒有特別延遲，我以「試論台灣話的表現形態」爲題，寫成了四百字稿紙共四百張的厚重論文。

一九五四年，老師和土岐善磨及奧野信太郎等教授一起組成了第一屆的學術考察團訪問中國大陸。他們一行在羽田機場的接送，全由我開自用車服務。

我拜託了老師一件事。陳文彬先生曾勸我往大陸行，但對於「待共產主義完全武裝之後再來」或者「生活上雖不輕鬆，但充滿著希望」等說法，我仍有不明白之處，希望老師替我打探陳先生的眞意。

老師替我完成了託負之事。

「陳文彬先生現今過著這般的生活：寄到家裡的信一定要拿到所屬機關讓上司看過。相對地，回信時也要依此方式，讓上司看過後再寄出，情形大致是這樣。」

老師雖然沒有附上任何評語，但我得到了一大啓示。從此我就停止和陳先生通信，而且更加認眞地研究、觀察大陸的情勢。在這期間，我得知謝雪紅（台灣共產黨的催生者，二二八之後投向中共）被當成地方民族主義者遭到整肅。我對中共的所有幻想都破裂了。因而也更加堅定我挺身獨立運動的決心。

一九五九年冬天，特意延長的博士課程勉勉強強在第五年結束了。老師已於一九五八年春天從東大退休，一面主辦倉石中國語講習會，也在圖書館內另闢一室，爲《倉石中國語辭典》的編纂做最後的修整。

我邀老師出來，說有要事商量，二人在三四郎池畔漫步。

「老師，我研究所的課程即將結束了，我想藉此機會堅定我踏上台灣獨立運動的決心，這件事希望得到老師的諒解。」

老師停下了腳步，頻頻地看著我的臉。

「這樣子呀！以你的立場來看，也許是情非得已，我也不勉強阻止你。但是不用我說，身爲男人就必須爲自己所做的事負責到底，這你應該知道吧！」

「是的，這一點我已徹底想清楚了，應該沒問題。」

我和老師之間的君子協定能得到老師的諒解，使我的心情大爲開朗。

倉石中國語講習會，是老師從東大退休之前投注全部熱情的事業——我曾期待它能隸屬某個研究所，爲我開闢一個爲專攻清朝的小學或古典之讀法的學者而設的講座——這就是現今的「日中學院」發展的源起。然而，最後老師卻決定離我們遠去了。

講習會的口號「學好中國語，爲日中友好搭起橋樑」是我們無法苟同的。中國語的學習一旦被貼上政治性或共產意識形態的標籤，身爲一名獨立運動者，實在至爲困擾。

老師應該不會是共產主義者，我想是時代和環境所加諸在老師身上的吧。雖說學問無國界，但我不得不感嘆，人可是有國籍的。

（刊於《台灣青年》一八五期，一九七六年三月五日）

（邱振瑞譯）

悼念恩人竹林貫一先生

三和機械股份有限公司董事長、協合信用合作社前理事長竹林貫一（林乾德）先生，已於四月十四日晚上十點五十分，因心肌梗塞病逝於阿佐谷的河北醫院，尚只是六十四歲的英年，令人深深惋惜。先生有氣喘的老毛病，多次就醫，嘗試各種療法，都無法根治，每次發作，都使心臟更衰弱，終至奪走他的性命。要恨，也只能恨那可惡的氣喘了。

告別式於四月十八日下午在西荻窪的自宅舉行，有近千的台日人士列席，場面盛大莊嚴。

《台灣青年》創刊初期，由於是雙月刊，每期都需要七萬日幣的經費，當時竹林先生每月寄來一萬五千日幣。如果沒有先生的贊助和熱情的鼓勵，《台灣青年》就無法出版了。對聯盟和我來說，先生都可稱得上是大恩人。

先生是台中人，畢業於舊制台中商業學校，並進入當時台灣最大的機械商——山下商會工作，到東京總公司的營業部上班。戰後獨自創設三和機械股份有限公司，成爲安川電機、新潟鐵工等大廠商的代理公司，同時是三井、三菱系統各廠商指定的公司，對日本、台灣、東南亞的產業發展有直接的貢獻（引自《協和》一五〇期）。

在許多從事色情行業的旅日台僑中，先生的存在是燦爛、大放異彩的，並得到社會的肯定和信任。先生的歸化是屬於較早的時期，也是因爲在事業發展上不得已所使然，但他並不因爲歸化而改變對台灣的愛。

先生的人品很適合當鐵工廠老闆，誠實又富包容力，有很強的俠義心腸，他不僅廣泛地和台僑及日本人企業家交往，也接近像我這樣的人物，百般疼惜我。每次去拜訪先生，經常會碰到故鄉學者、演藝界人士或留學生。我不禁在心中苦笑，大家目的相同，都是來尋求資金贊助的吧？當先生對我說：「啊！歡迎，你來得正是時候。」便爲我引介在座的訪客時，我會客套地說些：「在下才疏學淺」「各位，爲了台灣，請多多加油！」帶動在場的氣氛。

我和先生的相遇只能說是一次奇遇吧！在我還住在目黑的期間，寄宿在家裡的留學生想去向他的保證人竹林先生打聲招呼，因而希望我爲他帶路。初次見面時，我就已看出先生並非普通的台僑。自那次之後，我就直接和先生交往了。

當時，三和機械股份有限公司位於面對昭和大道的一棟小樓房的一樓，不久遷往了八重洲口的「東京建物大廈」的八樓。東京建物大廈是一棟氣派高雅的出租大樓，聽說不容易登門拜訪。由此可知這家公司的生意已臻昌隆，爲此我感到高興。

林以文先生的辦公室剛好也在三樓，我很高興能藉募款之行，來到東京建物大廈裡拜訪「二林」。「二林」都是台中人，年齡也相仿，既有交情融洽的一面，也有視對方爲對手的意識，這種微妙的關係讓我覺得很有趣。如今繼林以文先生之後，竹林先生也成了故人。「二林」如何在極樂世界議論著戰後日本的台僑生態呢？

我因爲從事獨立運動而向先生提起希望能得到持續的資金援助時，先生似乎早已思考過這個問題，爲難地表示：「政治的事我不太清楚，但王先生已思慮至此而如此懇求我，我也無法斷然地拒絕您啊！」

於是雙方達成共識，每月一萬五千日幣、一年契約，次年度則於年終再行協商，先生立刻叫來會計課長，指示每個月底付款給台灣青年社並收受請款書、收據。

「王先生您平常忙碌，我也因爲做生意必須四處奔走。如果我不在的話，您可逕自去會計那裡取款。」

這是先生對於金錢方面令人感激的體貼之處。交款時大多是派人親手交給我。這是爲了保密。我和先生約定時間，先生很少因爲急事或忘掉而讓我白跑一趟的。如果發生這種事，一定眞是有突發狀況了。但只要是竹林先生，我一定對他很放心。

偶爾先生人在公司，遇到吃飯時間，我經常讓先生請客。託先生之福，我才有機會到八重洲口附近的高級日本料理店——河豚料理店、烤鰻魚店、壽司店、中華料理店去品嘗美食。進入料理店內，先生總是讓我坐上座，傾聽我談論獨立運動和學問研究之事。

我想減輕先生的負擔，同時又想開拓新的資金來源，因而拜託先生介紹熟識的台僑給我。先生有點躊躇，但最後還是答應了。這是需要相當勇氣的。

在先生向對方說明我的事及他與我的關係之後，我也非說幾句話不行！就這樣，我得以和幾位台僑會面。但幾乎所有人都是看在竹林先生面上出席一次，第二次總會藉口推託。竹林先生並不抱怨，也許先生是有許多苦衷吧？不過我依然故我，我再次得以認識竹林先生在台僑之中崇高的地位，愈益加深對竹林先生的敬愛之念。

今年，我在書房裡掛起了下方印有「安川電機代理店、三和機械股份有限公司」的棟方志功（著名版畫家）的美麗版畫月曆。這是去年十二月末，拜訪久未碰面的先生而相談甚歡時，先生贈予的。當時，先生腳的毛病好不容易治好了，看起來臉色紅潤而且幹勁十足。我也認爲以後可以常常看到先生而感到放心時，竟收到協和信用合作社理事長松本一男報知的訃音，眞是驚愕萬分。

如今，我也只能衷心地祈求先生的冥福了。

（刊於《台灣青年》二三六期，一九八〇年六月五日）

（邱振瑞譯）

深愛台灣的池田敏雄先生

《民俗台灣》的池田敏雄先生於三月三十一日去世，享年六十四歲。

去年二月就一直說身體不適的池田先生，在八月十四日住進飯田橋的厚生年金醫院做全身健康檢查，發現胃癌移轉至肝癌。九月八日，轉到麴町的半藏門醫院，抱著一絲希望進行大手術。由於「手術成功」而於十二月二十八日出院，今年的一月二十八日再度入院，卻於三月三十一日上午八時病歿。

遺體運送至火葬場當夜，只有家人守靈，隔天火化成骨灰，安放於保谷市柳澤的自宅。遵照先生的遺言：「盡量不要造成他人的困擾」，葬禮簡單寂寥。

無論戰前或戰後，先生做爲一個熱愛台灣的日本人，值得永遠留存在台灣人的追憶中，有很多台灣人爲先生的逝世而悲傷！

先生不僅是《台灣青年》熱心的忠實讀者，同時也是相當理解獨立運動的人，拙著《台語入門》、《台灣——苦悶的歷史》（中文版）及「原台籍日本兵補償問題思考會」的會報《思考》的編輯印刷，都得先生的助力才能夠完成。於公於私，我承受先生的恩惠是何其大啊！

與池田先生之交，始於我亡命日本之後，如今回顧起來，我們很少聊起私事。每次碰面，總是就民俗、文學、語言，以及各種人物評論等共同話題聊個沒完，無暇觸及個人私事。一是因爲二人的住處相距不到一個小時，而且二人都還不到快死的年齡，心想以後有的是時間可慢慢聊，或者是因爲太過熟稔之故吧！

以下就是我向沈浸在悲傷中的池田夫人詢問所得的有關先生的生平簡介。

池田先生於大正五年（一九一六年）八月六日在島根縣出雲市出生。一九二三年進入上莊原小學就讀。一九二四年二月，隨同任職於台北市水利局的父親移居台灣。住於東門町，被編入旭小學。

一九二九年進入台北第一師範，畢業後被任命爲萬華的龍山公學校訓導，還教導後來成爲他太太的黃鳳姿的班級，從三年級帶到五年級。

黃氏是萬華的望族，池田先生也緣於是鳳姿的級任導師，經常出入黃宅，得以採訪到許多台灣的舊有習俗，有時向《台灣日日新報》投稿。

有台灣的豐田正子（「寫作教室」）之譽的文學才女鳳姿，自己也寫過《七娘媽生》、《七爺八爺》、《台灣的少女》三本書，有幸得到池田先生的指導一事，當然被傳爲美談。

五年的義務年限期滿後，池田先生就轉任總督府情報部，擔任雜誌廣告的編輯。有一段期間，他在中村哲先生（法政大學校長，當時任台北帝大文政學部教授）的勸導下，成爲台北帝大的旁聽生。他在情報部的職務一直持續到二次大戰結束。一九四四年夏天，他受到徵召，部隊在南部的枋寮附近嚴防敵人登陸。他戰後第一次回到台灣時，最先拜訪舊地，慰問以前蒙受照顧的故老。

在任職於情報部時，池田先生創辦了《民俗台灣》。與東都書籍（屬三省堂）台北分店經理持田辰郎氏擬立企劃，得到金關丈夫教授（台北帝大醫學部解剖學教授）的贊助。一九四一年七月推出創刊號，一直持續到一九四五年初爲止。從創刊號到被徵召爲止的三年間，他擔任總編輯（在雜誌上並沒有列名），有名總編輯的美譽。

池田先生自己也發表了許多文章，一九四四年八月出版了《台灣的家庭生活》。

日本戰敗後，他退伍了，因其特殊技能而被留用，在省立編輯館工作，被分配至「台灣研究組」，從事「台灣民俗研究」。

一九四七年一月二十一日，池田先生與黃鳳姿小姐結婚。池田先生熱誠執拗地勸服鳳姿的母親，而岳母大人也高興女婿池田有如此拚命的熱情。鳳姿此時才十九歲，剛從女子學校畢業，對池田先生雖懷有尊敬之念，但眞要結婚，卻很躊躇。

當時，在日本執教的父親黃廷富先生強烈反對，因此與她斷絕了父女關係。婚禮由在台留任的日本朋友包辦，至於台灣的親戚朋友，除了二、三個近親之外，幾乎都沒有出席。

五月，他們回到日本故里定居。他為何會早早被解除留任，據夫人說，是因為池田先生與台灣人交往過密而遭嫌忌。

初到日本，在戰後的荒廢環境和親戚的冷眼中，新婚妻子鳳姿想必是相當辛勞的。一九四八年，他謀得《山陰新報》的工作，擔任文化部長兼撰述委員。

他也從事NHK松江的新聞分析報導。出版《出雲的紙》，受到極高的評價。同時，也確立了其民俗研究家的地位，並與版畫家棟方志功、中國文學專家增田涉、駒田信二等許多文化界人士結為好友。夫人回想說，他在《山陰新報》的五年期間，工作得相當有活力。

一九五四年，他經由江上波夫、岡田謙兩位先生的介紹，進入平凡社，一償想到東京工作的宿願。後來他的職位昇到書籍部長、編輯局次長；也參與世界百科全書、《太陽》、東洋文庫等的企劃編輯。由於他討厭合作交涉太花費時間，因而退出了參與的陣容。一九七六年十二月從平凡社退休。有三年左右擔任顧問上班。就在他辭去顧問之職，正高興自己從此可以自由利用時間寫作時，卻受到癌症的侵襲。去年秋天所出版的《國分直一博士古稀紀念論集——日本民族文化與其周邊》中，先生投稿的〈柳田國男與台灣——概觀西來庵事件〉成為絕筆。

池田先生的大名，我在戰時透過《民俗台灣》早已知曉，卻未曾謀面。對一介高中生的我而言，池田先生的偉大實在是仰之彌高，想不到後來卻變成和他全家都有來往的好友。只有這件事，讓我覺得亡命到日本是有價值的。

我們究竟是何時、在何種機緣下開始認識的，已記不淸楚了。從《台灣青年》創刊號（一九六〇年四月）起，我開始連載「台語講座」，特別在編輯後記裡以「央請王育德先生執筆」作爲掩飾。我記得先生信以爲眞地對我說：「此人似乎在幫忙編寫留學生的雜誌。我想進一步瞭解台語。」因此，可以確定我在從事獨立運動之前，我們就已認識了。

後來，他知道《台灣青年》是由我主編後，更是熱心閱讀，每一期都會給我「那是一篇好文章」、「那個地方的版面編排應該再多加用心才好！」等建議。我坦白說出編輯的辛勞：「每刊出一期，我都高興得把它擺在枕邊睡覺！」他安慰我說：「我知道整本雜誌都充滿王先生的用心。」

他僅一次投稿給《台灣青年》。第二十七期（六三年二月發行）「專輯　日本人眼中的二二八」中的林樹理的〈二月叛亂見聞記〉就是他寫的。順便一提，此一專輯中，還承蒙金關丈夫、松居桃樓、守田富吉三位先生賜稿。

「總之，我要把它變成文字留下來。只要變成文字，總會引起注意。」這是池田先生的口頭禪，我將之銘記於心。

即使會顧慮到台灣的朋友和太太的娘家，而和獨立運動保持一定距離的池田先生，也高興地爲「原台籍日本兵補償問題思考會」聯名爲發起人之一。由於先生不喜歡在公衆場合露臉，他幾乎不參加會議。但幫忙分擔《思考》和訴訟資料的編輯工作。這是一份耗時費事的麻煩工作，譬如：如何下標題、用幾號的鉛字、照片放在什麼位置……先生一旁盯著排版工人工作，回想他以外行人的想法插嘴，有時令人笑話、有時也令人讚賞，這成了令人懷念的往事。

池田先生從事過許多工作，我認爲他編輯《民俗台灣》是最大的功績。（聽說先生自己在病床上也說過，《民俗台灣》的時期是他最快樂的時光。）至少對台灣而言，我相信這是最值得紀念的工作。

當「皇民化運動」如火如荼強制實行之際，《民俗台灣》是一本有趣的雜誌，一定有許多人每月提心吊膽地等待發行日的到來，「但願不要遭到銷毀」。在台灣人眼裡，《民俗台灣》是良識派日本人「反軍國主義」的根據地。因此，許多台灣人予以協助，卻意想不到的結出「內台融和」的果實。

從「國語」（日文）開始到改姓名、寺廟的整頓、風俗習慣的改廢，在這一波波利用強權剝奪台灣人承自祖先習俗的過程中，《民俗台灣》「愛護逐漸消失的紀念物，留下其記錄」（摘自創刊號金關丈夫的卷頭語），以及採訪報導了台灣的民藝、傳承、景物。不只報導台灣，並介紹與日本相關的出版品，也掩護披露台日著名人士的近況。雜誌中附有漂亮的凹版照片和有趣的插圖，還相當注重版面設計。

進步的文化人士抨擊，日本對台灣和朝鮮的殖民統治沒有一件好事，蔣政權也是如此教導台灣人的。但我認爲，我們不能忘掉《民俗台灣》所呈現的反抗精神。

在險峻的環境之下，爲什麼可以出版《民俗台灣》？這是我錯失機會一問池田先生的憾事。據我推測，最大因素可能是，執筆陣容從台北帝大、台北高校、台北高商的教授，到在野的日本文化人士幾乎都被網羅過來，而且池田先生自己又是情報部的職員，這使總督府或軍部對之有所顧慮吧！

《民俗台灣》以日本人爲主體，身爲台灣人，自然覺得不是滋味，但台灣人要出版這種雜誌，終究是不被允許的吧！因此採取日本人當家、台灣人從旁協助的形態，也是沒有辦法的事。

在此舉出主要執筆者以供參考。日本人有：金關丈夫、國分直一、立石鐵臣、稻田尹、松山虔三、萬造寺龍、早坂一郎、中村哲、植松正、庄司久孝、桑田六郎、岡田謙、須藤利一、富田芳郎、東方孝義、東嘉生、淺井惠倫、森於菟、工藤芳美、神田喜一部、小葉田淳、塩見薰、井出季和太、天野元之助、松居挑樓、香坡順一、富田彌太朗、中山侑、濱田隼雄。

台灣人有：陳紹馨、戴炎輝、石陽睢、吳守禮、吳新榮、黃得時、楊雲萍、楊逵、龍瑛宗、呂赫若、張文環、朱鋒、黃啓瑞、黃啓木、巫永福、郭水潭、連溫卿、黃連發、田大熊、廖漢臣、李騰嶽、吳尊賢、王瑞成、顏水龍、吳槐、柯設楷、陳逢源。

參加的成員不論是日本人或台灣人，都是一時之選。由於池田先生擔任總編輯的關係，其「顏面之廣」實在令人驚嘆。但實際上是誰的貢獻較大呢？誰的稿件又是以什麼原委刊載出來的？因爲我對內情不甚瞭解，只能隨意地列舉了。

戰後台灣人仍和池田先生通信者很多。得先生之助，我才能透過先生瞭解台灣文化人士的動態。據說，池田先生一到台灣旅行，一定會演變成歡迎會，因此預定蒐集資料的工作便無法開展，最後只好煞費苦心地秘密到台灣。

池田先生的書齋中堆滿書籍，其間裝飾著許多台灣的民藝品，有竹藝品也有廚房用品，連慶典的面具都有。我可以感受池田先生蒐集到這些東西時的喜悅，池田先生似乎教導我們，他重新發現了台灣人拋棄、遺忘之物的價值。

台灣人知道，池田先生是眞正衷心熱愛台灣的人。他年過五十才開始有系統地學習台語。這種熱情使我佩服。我將自己錄音灌製的《台語入門》錄音帶送給他時，他比誰都高興地對我說：「就是這個，少了它可不行！」他請夫人當助教，遇有疑義時立刻來電詢問。令人驚訝的是，他的台語眞的進步了。連住進厚生年金醫院時，也將錄音機帶去，說：「藉此機會，我想徹底學好台語呢！」讓我看到了他的積極態度，我心想，情況如果是這樣的話，他的病應該沒問題，但……。

以《民俗台灣》爲據點的日本文化界人士，幾乎都是出於反軍國主義的動機吧！其中跟台灣毫無關係的文章也很多。戰後，大部分人對有關台灣人的問題都閉口不談了。也有人想隱瞞曾住過台灣的事。正因如此，台灣人更尊敬緬懷池田先生的存在。

現在，害羞的池田先生在另一個世界，會如何批評這篇拙文呢？

（刊於《台灣青年》二四七期，一九八一年五月五日）

（邱振瑞譯）

懷念藤堂明保教授

我就讀東大時，一直是我的指導教授，後來也擔任系主任的藤堂明保教授，於二月二十六日上午十時多，因大動脈瓣口狹窄症病逝於醫院，享年六十九歲。

我已十年左右不曾見過老師，在我記憶中，老師是體格健碩、一頭黑髮、富有朝氣活力的人。老師給我一種只要有任何不懂的地方，隨時都可以向他請教的信賴感。然而，老師卻突然撒手人寰，使我非常悲傷。

一九五一年春末，我開車載著剛來日本的內人和長女到東大遊玩。我到研究室逛了一下，恰好遇見藤堂專任講師。老師摸著小女的頭問：「妳幾歲了？」我將之口譯成台語後，小女努力地伸出右手的三根指頭說：「Sahhoe(三歲)。」老師也跟著說了一遍：「哦！Sa-hhoe！」其發音像事先練習過一般正確。

藤堂老師的北京話與倉石武四郎老師那種嚴格訓練出來的正確度相比，稍微有點不流暢。相反地，他對方言的理解力，我認為比倉石老師優異。這也許是因為在中日戰爭時，他曾以司令部的一等翻譯官身份走遍中國各地的緣故吧！

老師是一位心胸遼闊又溫和的人，不論對從駒場（東京大學校園）升上來的學生，或對像我這種旁系學生，都毫無分別地疼愛有加。

一九五二年度的課程，倉石教授預定從台灣大學招聘伍俶教授前來講授中國文學的課程，但卻發生學生們反對蔣政權的罷課事件。我受倉石教授之託，突破警戒，使課程得以開下去。那是《文心雕龍》的課，伍教授的浙江口音的北京話很難聽得懂。倉石教授也很在意此事，初期還請藤堂教授隨堂口譯，近藤光男助教（現任御茶水大學教授）和在國內留學而來東大的片岡政雄先生（岩手大學名譽教授）也出席聽課，但正規的學生只有我一人，因而我向內人驕傲地說：「這種課程夠隆重吧！」

因爲這件事，我和藤堂老師變得格外親近。在老師的課堂中抽煙也沒關係。老師自己也是一個老煙槍。有時煙抽完了，就對我說：「王同學，請老師抽一支吧。」遇有個案置於老師和我之間等待解決時，老師的手總是動得很勤快。我是這樣從老師那裡獲得音韻論和文法論的啓蒙的。

音韻論是抽象的，像「對應法則」或「作業法則」等，並沒有各種個案的知識，大多只能默默地作筆記，但文法論就是具體的，可以用自己的語言來作思考，因此學生方面也會積極發言。老師將情意詞這個品詞從副詞中分離出來，而另成一個品詞的果斷，以及努力思考在單字和句子之間（十三種）稱爲「構造」的單位等，或許我對這些多少有點貢獻。

然而，老師在學界的地位能夠屹立不搖，首推老師對漢字的語源研究。他從清朝的朱駿聲的《說文通訓定聲》和卡爾格蘭的Grammata Serica（一種字形辭典）等得到啓示，歷程艱鉅地完成將漢字歸納分類爲「單字家族」的工作。

在發生東大紛爭之時，我們這些學生於每年一月六日左右到老師的家去拜年已成爲一種習慣。老師位於浦和市高砂町四丁目的住家，說它像是武士宅邸或較相稱。它有寬敞的和式房間，橫木上又掛著長槍，看到這些，只會讓訪者認爲他是武士的子孫。

大家吃著早已備好的佳餚、對酌著盒裝的美酒，圍著老師大聲吵嚷、喧鬧。里子師母不僅年輕漂亮而且個性幽默，她也加入我們說說笑笑。

聊夠了，老師就提議：「來玩百人一首吧！」大多是老師負責吟誦詩句。有一年，老師被學弟問到，他說：「我也多少通曉一點！」博得在座皆笑。老師眞懂得只在守備範圍內盡責。

在玩百人一首的紙牌遊戲時，師母提早詢問我們想訂購什麼晚餐。「今年鰻魚好像不行，因此決定吃西餐。要吃炸蝦飯或豬排飯？請選一項。」正因爲是藤堂家推薦的，所以非常好吃。

一九六八年夏令學期，我能成爲東大的外國人兼任講師，實在是由於老師的特別費心關照。老師知道我的學位論文進入完成階段後，就對我說：「我想你很忙，但還是先當東大的講師對你較有利！」

那一年的十二月，我提出了論文，但正當東大紛爭方興未艾之際，我的課事實上在六月時因學生妨礙已被迫停課，對於標榜毛澤東的「造反有理」的「東大全共鬪」，學校該如何處置，文學部教授會分裂成「鷹派」和「鴿派」。鴿派僅有少數幾人，社會上一般都不給與同情。老師是鴿派的領導者。另一方面，我另一位言語學科的恩師服部四郎則屬於鷹派。

專攻中國語學課程的我，向中國語學提出論文，依慣例，藤堂老師擔任審查委員會的主審。但是，有兩位老師擔心因爲對鴿派的反感而影響我的論文通過，結果，由服部老師承擔主審工作。藤堂老師與言語學的柴田武教授、國語學的松村明教授、言語學的三根谷徹副教授同爲副審查。

就如同一九六九年一月慘烈的安田講堂攻防戰所象徵的，東大已荒廢了。在荒廢中，我的論文審查據說發揮了使鷹派與鴿派暫時忘記對立的緩和作用。

紛爭最嚴重時，我爲和老師商量論文之事而前去他家打擾。在閒談時，老師說到：「王同學除了做學問外還從事獨立運動，一定很熟悉歷史或政治吧！但是日本的大學教授很多是不知世事的，學生攻擊我們是『專家笨蛋』，不是沒有道理的！」我想也沒有必要把它想成這麼嚴肅。

以「東大全共鬪」爲核心而不待退休就辭去東大教職的老師，之後的處境困頓，不是主持

NHK電視台中國語講座，就是演出「ELEVEN PM」，或講解「女字旁的字」。我心想，自己可能和大學無緣，結果反而在早稻田大學當了客座教授，或爲促進台日友好出力，或從事倉石老師留下的籌募日中學院校舍重建的募款活動。

我很忙碌又似乎被認爲很活躍時，有天晚上，一群有志學生招待老師和師母到巢鴨的高級日本料理店舉辦謝師宴。愉快地交談後，我因較年長，代表致謝辭，我說：「不只是東大的所有系主任和全體學生而已，全國的學界都要負起重大責任，輕易辭去教職是很傷腦筋的。」我不得一吐苦衷。

一九八三年一月，我出版《台灣海峽》，立刻呈給老師御覽，此時老師似乎已身體有恙，但他立刻給我明信片，寫著：「這是一本好書，全書信念一致！」

我最近才聽到，老師曾對某位年輕的研究員提起：「王君在明治大學。與我一樣，他研究台語的音韻、文法，也編寫辭典。只是立場不同而已。」老師直到最後，仍是我的深交知己。再次感謝老師的鴻恩，謹此祈求冥福。

（刊於《台灣青年》二九四期，一九八五年四月五日）

（邱振瑞譯）

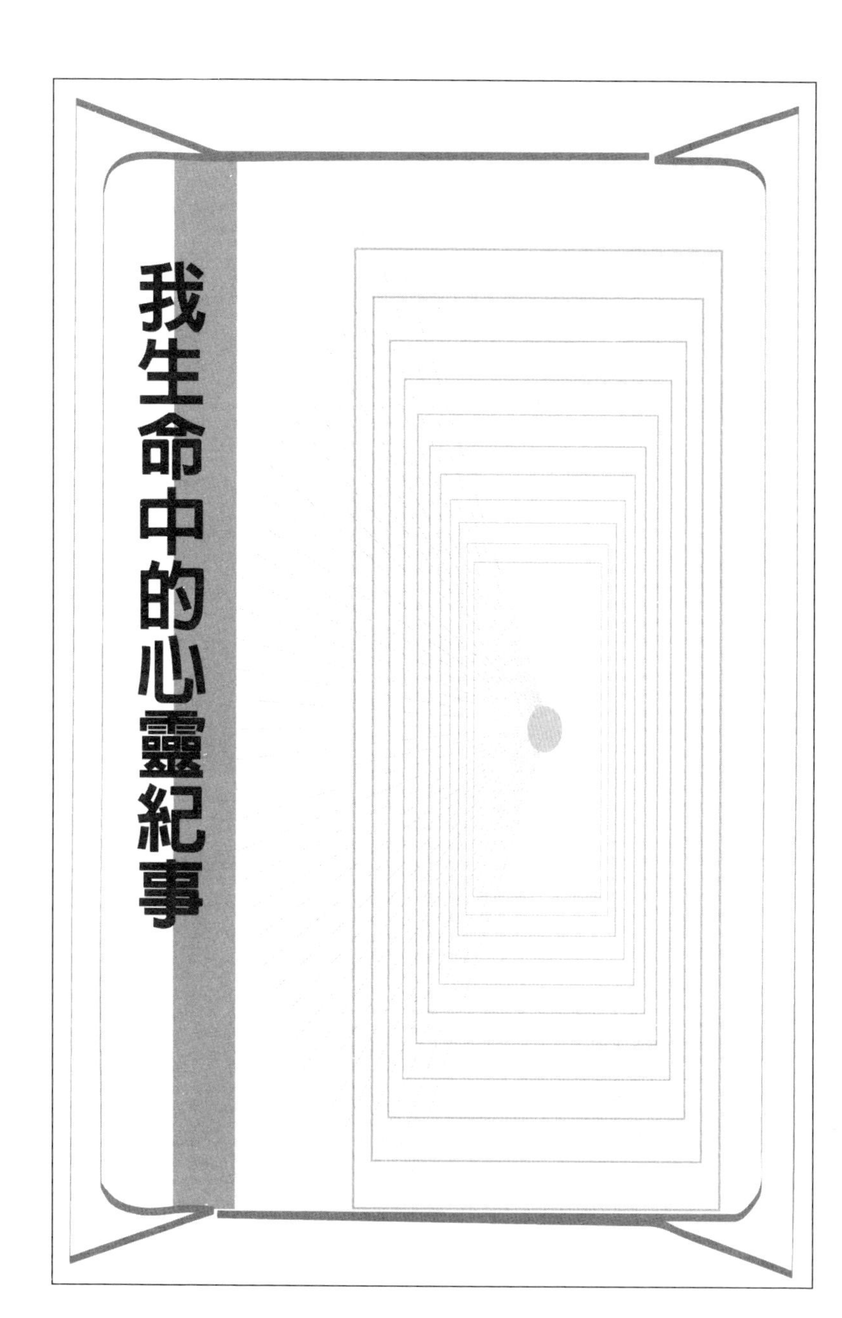

我生命中的心靈紀事

我的革命性格

一九六〇年二月，台灣青年社創立，四月起發行機關刊物《台灣青年》，於是我正式投身到台灣獨立運動的第一線。

從那之後，我被視爲台灣獨立運動理論的指導者之一，雜誌邀我寫稿、上電台受訪，或被請去演講，過著忙碌的公衆生活，爲此，我有時候覺得那是身爲男人應有的襟懷而心情愉快，有時候卻覺得盡是做一些與身份不符的事而厭惡不已，心情上五味雜陳。

作家大宅壯一在《焰火奔流》一書中分析過革命家的類型：第一、理想型；第二、性格決定型；第三、狼子野心型。說起來，我大概屬於第一類型的理想派。這種類型的人雖有名聲，實際上卻非常脆弱。尤其在推動革命的階段，或在革命獲致成就之後，理想與赤裸裸的現實相牴觸，會因而徹底幻滅。

最後撐忍下來的就是狼子野心型的革命家了，爲了完成自己的野心，幹起出賣戰友、暗通敵人的勾當，臉不紅氣不喘，把枉顧道義、追求私利視爲理所當然，所以他們是不會感到倦怠的。

性格決定型的革命家，不能只守株待兎不求發展，必須製造問題尋找動力，有時候因爲搞得過頭，招致失敗的結果。

從性格來說，我不認爲自己適合搞革命或從事政治運動，我不擅社交，不喜歡與人接觸，尤其和缺乏教養的庸俗之輩碰面，都嫌浪費時間，這種態度已經證明不適合搞政治了。稍有閒暇，我喜歡讀書、看看電影或下圍棋。

此外，我對財富和權力沒有野心。每次看到擁有成千上億資產的人，不知節制地拓展事業，從早到晚忙個沒完；以及掌權者爲了鞏固自己的地位而汲汲營營的身影，總是替他們嘆息同情。

當然，我喜歡有錢，但是我不曾爲錢吃過苦頭，直到現在，我都不愁沒錢花用，也就沒有強烈的工作意願。我知道掌握權力的滋味是美好的，然而，掌握權力要付出痛苦的代價，還是不要也罷。

由此看來，我知道自己投入獨立運動，並非屬於第二或第三類型的人。

我之所以投入獨立運動，第一，是爲了證明並非所有台灣人都是中國人所看輕的卑屈之輩，也就是說，我不想成爲這群卑屈之徒的一員。

第二，是爲了證實從事獨立運動的人，不全然都是一些頭腦簡單的笨蛋。其實，就我所知道的獨立運動人士，他們的熱情是毋庸置疑的，不過做法有待商榷。

第三，是爲了展現身爲台灣人的尊嚴。

因此，我雖然爲了台灣人而投入獨立運動，但是打從心底瞧不起那些沒骨氣、格局狹小，卻自視甚高的台灣人，這當然會引來「狂妄、自不量力！」的反駁，但正因爲我知道別人如何看待我，所以我也自覺是無趣的男人，常有打消革命的念頭。

（手稿．原作無題，標題爲編者所加）

（邱振瑞譯）

「台灣青年社」創立的故事

一九六〇年春天，「台灣青年社」正式創立，並且發行機關雜誌《台灣青年》，我也因此一頭栽進獨立運動。

當時我很有「使命觀」，對於獨立運動的發展方針頗有自己的看法，也相信將來能獲得成功。然而，今天重新回顧往事，卻覺得當時的自己相當「唐吉訶德」，不僅未能周詳瞭解、評估周遭情勢，也過度高估自己的能力，思之不禁汗顏。

就像東洋有句諺語：「謀事在人，成事在天」，既無祖國、民族本身又不團結的台灣人從事政治運動，諸多前輩共同擁有的，幾乎都是不斷挫折的經驗。最可悲的是，明明是自己辛苦播種而茁長出來的甜蜜果實，卻不能收割。既然無法立刻改變事實，許多前輩只能把自己的正氣傳給後代，期許有朝一日能達成目的。

當然，這些從事政治運動的前輩，都有自己的使命觀。只是，他們的奮鬥常牽連周圍的人，讓親朋好友陪他犧牲。眞是悲慘啊。

這其中，最容易遭遇池魚之殃的，無非就是家人。事實上，許多政治鬥士前輩們熱衷於政治運動，其使命觀的形成，與其父母、兄弟乃至於妻子等親族完全無關。

以我自己而言，從事台灣獨立運動的最主要原動力，無非是我對於台灣的愛。雖然台灣有句俗話「別人的囝死膾了」，台灣人幾乎也都只顧自己，不會想到更長遠的目標，但我不屑於這種自私自利、明哲保身的做法。

就是因爲對於台灣有愛，所以我不斷催促自己要有所作爲，再度進入東大就讀時，便毫不遲疑地、理所當然地選擇台灣語(台灣話)爲研究主題。

曾被日語壓迫五十年，現在又受國語欺壓，導致連我自己都無法自在滿足地講流利的台灣話，這是多麼可悲的事實！這也逼迫我下定決心，至少要爲台灣話寫下一篇「墓誌銘」。

我原本預定分語彙、音韻與文法三部份完成博士論文，其中語彙部分已經在一九五七年十二月自費出版《台灣語常用語彙》；音韻也完成了預定工作的八成，但此時我開始參與台灣青年社的事務，研究工作被迫中斷。

此事讓我耿耿於懷，心情難以輕鬆。同志多半是留學生，每次看到他們以忙著寫論文爲理由推託工作，我就非常憤怒，孤寂之感油然而生。

不知道從現在開始會不會太晚，我開始懷疑，自己是否也該貫徹始終，好好把研究工作做完。畢竟我台灣語的研究工作已大致完成，留在日本可以擔任中國語教師，若將來台灣能獨立，有人希望我運用所學知識、把台灣語制定爲國語，我必將返台。

我原本個性就厭惡交際，因此很適合擔任不擅應酬也沒有關係的學者。我想，照顧我的師長以及家人，大概也都希望我好好把書唸完，並且認爲我的未來會非常平穩、一帆風順。

早期，我和留日台灣學生接觸不多。不過，一九五八、五九年左右，身邊突然熱鬧起來。因爲當時黃有仁、史朗、王建台、黃振民、蔡季霖、王天德、史哲等許多台灣留學生陸續和我頻繁互動起來。他們幾乎都是我之前在南一中教過的學生。

因爲我在南一中上課時就常常臧否時政，這些學生都知道我對國府(國民黨政府)頗有批判。當他們來日本之後找我敘舊，我總會順便詢問台灣的現狀。結果他們竟然沒有一個對國府有好感，每個人都說不想回去國府統治的台灣。

於是我再問他們，「覺得中共如何？」回答也很一致，大家都很淸楚地表明，中共也不是祖國，而共產主義與三民主義一樣不可靠。

他們對於共產黨如此厭惡，倒令我有點吃驚。事實上，我曾有一段時期對中共頗有幻想與期待。我高校時代的「紅色流行病」，直到進入東京大學中文研究室，也還能感受到這股熱潮的餘溫。然而，謝雪紅的「台盟被整肅」事件(一九五七～五八年)讓我大受震撼。此外，中共對台灣政策的一百八十度轉變，也讓我瞬間幻想破滅。

但即使如此，發現台灣留學生如此討厭中共，我還是忍不住想問他們，大家對於中共瞭解多少？有沒有受到國府影響，把反共宣傳當眞？

我很快發現，他們討厭中共，並不是「頭腦問題」，而是「皮膚問題」。我只好正襟危坐起來，「喔，原來台灣人這麼討厭中共啊?!」

好了，既然討厭國府，也討厭中共，日本又不能永遠住下去。日本不像美國，即使住再久，也不一定能獲得公民權〔譯按：指入日本國籍〕，台灣留學生恐怕永遠得當外國人，在此情況下，找工作勢必困難，其中尤以文科系統爲甚。

結果，除了「獨立」一途之外，顯然已經沒有其他選擇。台灣若能獨立，當然是所有台灣人的幸福；從個人的角度看，也是台灣留學生唯一的圖存之道。

所以我很好奇，現在據說有一千個台灣留日學生，其中究竟有多少人對此事有概念？如果留學生認同國府是自己的政府，畢業後大概就會返台任職，並且可以活得很好。雖然國府是個不可靠的政府，但既然沒辦法永遠待在外國，許多人最後也只好回去。也有人認爲，在日本從事台灣獨立運動，徒然招惹國府討厭，對自己沒有好處，就完全不接觸這類運動，全力用功、累積實力，以提高自己返台時謀職的條件。不可否認的，不少人有這種想法。

只不過，從目前的情況看，雖然確實有人學成後回去台灣，但整體上佔少數。更多留學生寧願留在日本晃蕩。因爲消極地批判國府，所以他們不願回台灣，哪怕在日本打工，或者託日本友人隨便找個工作餬口，都比回台灣好。

可惜的是，台灣留學生對於參加獨立運動的積極性還是不夠，反而普遍有一種冷眼旁觀的態勢。

但即使對此有點不滿，台灣留學生來問我「今後如何是好」這類問題時，我卻不會當場提供答案或說服。畢竟這種問題是牽涉一生的重大決定，他們不能只想到自己，還得考慮會不會帶給台灣的家人不便，甚至危險。因爲，即使我自己，也沒辦法一刀兩斷地和台灣當局決裂。

曾經有一次，我打電話給吳主惠博士，想約時間見面，請教他針對留學生問我的那些問題的看法。附帶一提，我之前是在一場有關留學生獎學金問題的座談會上和博士認識的，知道他相當關心台灣留學生。

不料，博士聽完我的話立刻表示，這種事情不必特別見面深談。他說：

「育德，我們都是象牙塔內之人，何必到社會拋頭露面？我只想讓自己保持潔白，像一面乾淨的手帕。幹嘛自討苦吃，讓自己變成一條骯髒的抹布？」

雖然博士的話有一半是在預料之中，但當時我還是難掩失望之情，只好回答博士：

「我只是想幫點忙，看看可不可以提供他們一些參考而已。」

我教過的學生正在徬徨，我哪能見死不救。當然，他們之中究竟有幾個人認眞思考過這類問題，恐怕還有疑問，但我還是願意「自找罪受」，認眞地幫他們尋找可行的出路。或許這又是我的「唐吉訶德怪癖」在發作吧。

提到唐吉訶德，我必須稍作說明。讀過舊制高校的人應該都知道這號人物，唐吉訶德是個滿臉痲子、其貌不揚而且衣衫襤褸的傢伙。年輕的他遵從前輩（學長）的建議，興起「以天下興亡爲己任」的志氣與抱負，開始闖蕩天涯。我之所以熱衷政治，完全也是這個模式。雖然引導我走進關心時政這條路的前輩，並不是唐吉訶德的前輩那種類型（光說大話、鼓勵別人冒險，自己卻迷迷糊糊、毫無鬥志），但有時我難免還是會懷疑，我是被大話煽動而昏頭了嗎？

（手稿，可能完成於一九六五～六六年左右）

（蕭志強譯）

詰問日本所謂「進步的文化人」

——關於台灣問題

「日本人去巴黎的時候，常被誤認爲越南人或中國人，而且，即使知道是日本人，大都會被問到與中國或越南人有何不同。」（引自於四月十六日，日本《讀賣新聞》，福井芳男〈法國民衆的日本觀〉）

即使高度誇耀自身文化的法國人，在跨越地球東經一百二十度之後，對日本與日本人的認識也不過如此，這也是沒有辦法的事。人類一向是以自我爲本位，除非直接涉及自己生活的事物，多半散漫無知。

然而，如果這個法國人急欲表現自己的主張，又多嘴地干預日本人的生死問題，卻不參考日本人的任何意見，日本人會是什麼樣的心情呢？

「在巴黎的日本人」這種心虛的感受，就好像我這個「在東京的台灣人」的心情。

正如先前我提過的，人類就是凡事以自我爲本位。我不會天眞地相信國際間存在著信義。正義、人道都是理想，並非現實。儘管令人遺憾，但這點道理我還明白。或許可以說，我是屬於悲觀主義者。總之，打從我出生以來，就是一個殖民地的被支配者。之前的東大(東京大學)事件中，我親眼看見學生和警察發生激烈的衝突。友人抗議警察蠻橫，欣慰的是，我無需捲入那場是非之中。因爲蔣介石隨時可能調派軍隊包圍住整個東大，用機關槍掃射是輕而易舉的事。研究室的友人決定要聯合抵制那位從台灣大學特聘前來的中國人教授。理由是「他來自台灣，是國民黨的走狗」。我加以反駁：「我也是從台灣來的，也算是國民黨的走狗嗎？」當時研究室的氣氛十分緊張，情勢寡不敵衆。此時，我向好友求助，但是他卻在是否參與聯合抵制的投票中背叛了我。我並不特別感到悲傷。以前我在課堂上常受欺負，而被自己所信任的日本朋友背叛的事偶爾也會發生。此時，我覺悟到可能因此被打。但是，東大的學生畢竟還有他們的自尊。而我也做出了奮戰，在聯署書上寫下了「東大某某研究室志願者」的字眼。

直到現在，大家仍會將那次事件做爲彼此聊天時的話題。只是這回變成了以「日本是美國殖民地」的字眼來開啓話匣子。我挖苦道：「殖民地！雖說是殖民地，像你們這種殖民地還眞是一項大恩惠呢！你們根本不知道眞正的殖民地是怎麼嚴苛的環境。你們也許會有不滿的抱怨，但世界並不如你們所想的圓滿俱足啊！」

這些「進步的文化人」說：「台灣問題屬於中國的內政問題。」好哇，那我倒想請問一下「爲什麼是內政問題」？答案通常是：「台灣是中國神聖的領土」、「台灣人就是中國人」等等。

「你說『神聖的領土』，可有什麼具體的事實？」

「在割讓給日本之前是屬於中國的領土。」

「好。那麼在清朝統治的二百一十二年之前呢？」

「屬於鄭成功。」

「那麼在鄭氏三代的二十二年之前呢？」

再這麼問下去，只會曝露更多他們對台灣歷史的無知。「神聖的」這個形容詞是文學的、政治的。但實際上是怎樣的領土，卻無從得知。

他們也不會知道台灣人＝中國人的實際狀況到底如何。於此，我便有了一個疑問。關於「台灣問題是中國的內政問題」和「台灣人和中國人並無不同」之類的話語，既不是日本人自己思考得來，那麼該不會是從什麼地方得知而現學現賣的吧？如果是這樣的話，也就無需覺得可恥了。因為這些堂堂的日本「進步的文化人」，沒有任何批判地接受了他人的觀點，並依此現學現賣了起來。但我想，應該也曾有人對在日台灣人做過調查吧，原來台灣人這個說法在戰前已來到了日本……

今天，日本人無法對台灣問題的本質或台灣人的願望正確認知，在於台灣人不會積極主張自己的意見，因此，就連讓第三者充分瞭解的說服力都沒有。

當世界各國正為這個問題忙得不可開交時，當事者卻始終不發一語，反而好像大家為了一個有趣的話題而拚命插嘴。但即使是很少開口的人，也多半會站在爲自己國家利益打算的立場。說實在的，那只是一些爲了自我滿足的抽象空談而已。

本誌（譯註：指《台灣青年》）至今所做的一切努力，是希望能藉由日本人做開端，盡可能地讓世界各國的人瞭解台灣問題的本質和台灣人的願望。在我們的面前，有著對第三者所提問題完全無知的困擾，以及被錯誤曲解的恐懼。爲此，我們改變各種方式，試圖傳達出正確的知識，同時對錯誤者提出嚴苛的批判。這雖然不能說全無效果，但畢竟和理想還有一段距離。

退一步冷靜地反省，我認爲這是因爲台灣人還沒有盡到最大努力。

總之，台灣人沈默太久了。對部分獨立運動的先驅者來說，它當然已經表明了台灣人的獨立願望，但宣傳的範圍狹小，宣傳技術也不夠高明，因而對第三者欠缺說服力，令人遺憾。

（手稿）

（侯榮邦譯）

台僑爲獨立之母

孫文曾說「華僑爲革命之母」，我仿其言曰：「台僑爲獨立之母。」

華僑分佈於全世界，台僑卻只存在於日本。二萬五千名在日台僑與一千萬的華僑相比是絕對少數，但其經濟實力並不落後，且知識水準亦不相同。以美、日爲首的世界各國之所以視台灣獨立運動的中心據點在日本，也是因爲日本有二萬五千名台僑之故。日本在地理上與台灣隣近，且在歷史上也有極密切的關係。台僑頻繁地往返日本與台灣之間，熟悉台灣島內的情勢。同時，一般台僑的知識水準頗高，再加上日本的自由空氣，所以對政治的關心極強。因此，台灣獨立陣營、國民黨政府和中共之所以積極爭取台僑，原因即在於此。

我從事獨立運動，首先即針對台僑著手。曾有前輩認爲「會參加獨立運動者早已投身此建國大業，其餘的人只不過如拚命賺錢的猶太人罷了」，但我不這樣想，且認爲不應該有這種觀點。因爲他們不但被日本警察監視，護照亦被國民黨政府大使館控制，不能隨便行動，只有選擇以賺錢爲目標。問題在於面對國民黨政府或中共的廣泛宣傳，獨立陣營到底要如何從事啓蒙工作？我們必須宣傳爲何要獨立？如何達成獨立？獨立的勝算如何？獨立後有何優點等。在未能使其心悅誠服之前，突然說「你是台灣人，當然要參加台灣獨立運動」，這種強勢的態度反而會引起反感。有不少台僑對於自己到底是台灣人或中國人，其區別何在等問題均抱持疑問，因此儘管獨立大業十分迫切，但我們也不得不從頭做起。

相對於此，孫文就很輕鬆了。他僅以「排滿興漢」的口號就能將革命的本質表露無遺。之後，藉由民族情緒，自然就形成具體的行動，例如捐助革命資金、參加革命黨等。雖然如此，實際上也沒有那麼容易。最初的情況甚至可說是「華僑爲革命之敵」。孫文是依靠兄長，於一八九四年遠渡夏威夷，二萬七千名夏威夷華僑大部分與孫氏兄弟同爲廣東省中山縣出身，其中約有七成爲秘密結社——洪門的會員，而且具有民主主義的思想。雖然如此，孫文經數月奔走之後，也僅獲得同志十人。在南洋，當孫文向華僑力陳革命大義時，與會者大多驚慌而相繼退席，並相互傳言：「革命就是謀反，危險性非康有爲的保皇黨可比。若被發覺，則國內親族將被殺害，涉案者非同小可。」孫文一開始僅靠少數同志不折不撓地奮鬥，結果終能使華僑們迅速覺醒，不但捐出巨額的革命資金，而且還願爲起義奉獻性命。

孫文最初到處碰壁，會面者無不視其爲蛇蠍而驚嚇嫌惡。我硬著頭皮訪問台僑時，雖然未能被好顏相向，不過似乎還不至於被視爲洪水猛獸。當然，現在時代不同，台僑與華僑的知識也不同，所以有時我還認爲這是輕鬆的運動。不管台僑以何種臉色與我相對，我總不能不去拜訪他們。這種工作可比喻為思想的推銷業，拜訪台僑即類似商品販賣兼市場調查，三寸不爛之舌與兩隻腳就是本錢。十年的研究生涯使我與台僑幾乎沒有機會結緣，台僑平日為賺錢而忙碌，注重物質生活；而我則戮力研究台灣話的語彙、音韻，忙於作卡片或寫稿，似乎生活在不同的世界。

對現在的我來說，那種生活對獨立運動是最大的負數。在日本的獨立運動，如果沒有台僑支持，必定不成氣候。若置台僑不理，我無法想像在日本的獨立勢力如何能直接影響台灣島內。外國人對台灣獨立運動的評價，必定會先問在日台灣人的支持度如何，由此可見凡事必有順序。台僑除了在人數、社會地位和對台灣的影響力具有不可忽視的實力之外，最重要的是有經濟實力。獨立運動也和其他企業一般，「無錢講無話」。錢對於富正義感與熱情的青年學生是無緣的，因此凡是與錢有關的項目，終究不得不依靠台僑。

但是，要台僑出錢是難上加難。雖然台僑在精神上是支持獨立運動的，因為有如資本主義之子的台僑，本質上與倡導共產主義的中共水火不容。更何況萬般水準皆高的台灣，不但不能接受共產主義，甚至對其十分嫌惡。一方面，台僑直接體驗過國民黨政府的腐敗無能，再透過《台灣青年》的分析，漸漸理解：中共的「解放」在軍事上是不可能的，而國民黨政府的餘命所剩無幾，那麼，除了獨立別無他途。因此，台僑也開始以關懷的眼神注視著台灣獨立運動，只是還沒有更進一步發展出為台灣獨立獻身的決心。在此情況下，我們要說服台僑捐款，眞是「有嘴講到無涎」。

《台灣青年》由雙月刊改爲月刊，又發行英文版，這可以證明募款工作雖然緩慢，但著實也有奏效。當然，要達到目標的路程還很長遠，其間的辛酸誠非筆墨所能形容。但到可以公開的時期，我當然會加以發表，在此僅將我個人五年前的體驗提供做參考。

五年前，我自費將論文的一部分出版爲《台灣話常用語彙》一書。爲了多少減輕一些負擔，並利用此機會試探台僑對台灣的關心度，我曾積極拜訪數十名台僑。一般來說，台僑對不認識的人是冷淡的，唯親密的知己常相互稱以「皮蛋」、「烏面劉」、「大箍」等綽號，其親密程度令人羨慕。然而，台僑對於提出名片懇求面會的外來者總是心存警戒、態度冷淡；能以同鄉之誼而笑顏相迎者寥寥無幾。接獲通報的日本人或台籍秘書，常以警察問案的口氣詢問來訪的目的以及有否介紹信等。在這種情形下，我常爲必須抑制內心的憤怒與衝擊而痛苦煎熬。有錢的台僑似乎較擔心被自己的同胞索錢，以流行的台灣話來說，就是怕人「拍腹肚邊」(即攻其弱處)。由於台灣人常有此種被害妄想，難怪在未問明來意之前就抱持著警戒心，再加上我並未向秘書清楚說明來意，只求與社長(董事長)會面，所以更容易引起猜忌。明知那是失禮的行爲，但我也不能直接說明是要賣書。即使說明來意，但如《台灣話常用語彙》這種難解的書，恐怕在傳達之前，早就被忘得一乾二淨了。其實，過去我曾有過類似失敗的經驗，即當受訪的董事長不勝其煩詢問來意後，我才不好意思地說「其實是要推介我苦心寫成的書，祈盼您購買一本」時，董事長卻透過秘書回絕說：「我的書已經夠用了。」書又不是挨家挨戶推銷的日用雜貨，什麼叫夠用呢？此時，我眞的動怒了。

我有隨時被攆的心理準備，但事實卻又不全然如此，十之七八我會被請入室內。當被取得信任之後，我會簡略地說明此書的重要性，若有幸到此一階段，就算成功了。內人有時會說：「又不是乞丐，何必到處求人。」我說，「你的想法不對，這也是一種針對台僑的社會學研究。」

他們要鑑定我，我也要鑑定他們，現在能瞭解這些著名台僑的想法與態度，也許可供將來做爲參考。

我對他們說：「台灣話對台灣人具有重要的意義，但是台灣人對台灣話未免太不關心，因此我費了四年的歲月完成此書，這可謂是世界上首創的業績。爲了今後的研究，我想收回一些資金，如果您允許的話，至少請買一本吧！價錢只不過一千三百日圓……。」觀察對方的反應後，我再進行彈性說明，唯其反應大致如下：

「在日本做生意，不需要台灣話。講日本話、英語或北京話就夠了，買了也沒什麼用途。」

「你爲什麼寫這種沒趣的書呢？應該仿效邱永漢，那種書才有看頭。」

「我想歸化日本籍，而且孩子已經歸化了，學台灣話也沒有用。」

「台灣人實在可憐，不久就會滅亡，台灣話也會消失，辛苦你了。」

「你的說明，我也一知半解。不過聽說你寫這本書費了四年的苦心，就買一本好了。」

「你說誰買了兩本?好，那麼我買三本，月底你找會計請款吧!」

「講起來你跟我是親戚呀，就算是援助親戚的意思好了，給我五本。」

「我不要書，連週刊也沒時間看呢!既然你撥時間來了，不給你捧場也不忍心，這五百圓請你拿去。」

「現在居然還有這種怪人?你這種工作能過活嗎?眞是可憐。我衷心地向你買書，請給我兩本，一本要送給朋友。」

我在內心祈盼著，或許還有少數人能認識到台灣話的研究價值，在東京十四歲以上的台灣人有八千人，我僅拜訪了其中五十人，所以以此來推斷全體並不恰當，但仍驚訝台僑對台灣的關心在四年前竟是這樣的程度。如果對台灣話＝台灣文化的關心是這樣的，那麼台灣人對政治命運的關心大體也是如此，這種想法也許不算離譜吧!

《台灣話常用語彙》本文約六百頁，都是用日文寫成，只有前三頁附有英語的序文。但自出版以來，美國、荷蘭各研究所、大學都不斷透過代理店來訂購，相對於台灣人的態度，眞是一大諷刺。此書受到相當高的評價，那是非常可喜的事。我從台灣人逐漸消失的母語，領悟到我們的命運，且不提這對生活有否幫助，但認識到研究台灣話的工作自有其意義，這無非是我最關心的事。老實說，我對台僑文化性乃至政治關心之低落非常失望，但這點我是無法死心的，因爲不管善或惡，他們都是台灣人的一份子。對這些人不稱同胞，要稱誰爲同胞呢？正如前述，我之所以沒有放棄信念，正是因爲我遇到幾位有見識的台僑。

其時，我賣書的金額約計十萬日圓，但以「台灣青年社」的名義募得的款項卻達數十倍之多。其間不過才歷經三、四年，就有如此的成就，實令人有隔世之感。推測其原因，個人學問的業績與九百五十萬台灣人的命運當然無法相比，且文化與政治的關注在性質上也不相同。

的確，台僑若對政治逐漸覺醒，對文化的關注也會隨之加深，這是令人興奮的事。在日本的獨立運動沒有台僑的支援即無法發展，島內的台灣人也對在日台僑寄以無限的期許，台僑不能規避這個責任。因此，無可諱言地，「台僑爲獨立之母」。

（刊於《台灣青年》四期，一九六〇十月二十日）

（侯榮邦譯）

申延護照風波

今年秋天申請護照延期時，因爲逾期已久，使館方面要求我前往面談，還鄭重地請我到二樓會客室談了許久。只是最後我仍空手而還。後來透過朋友前往探詢，得到的答覆是，新護照可能發不下來了。

「他們大概也對我死心斷念了吧？」我心裏反倒有一種舒暢的感覺。

但不知道消息怎麼傳的，許多朋友沒有替我惋惜，反而拚命來問我當天情況，好像愈是驚險刺激的東西，他們愈是好奇、愈想一探究竟，讓我不勝其煩。

「其實，見面時彼此都客客氣氣的。他們似乎能諒解我的立場(這是我的感覺)，我也能體諒他們的立場。我們都很紳士，過程中一直談笑風生。」

但即使我如此說明，朋友們還是半信半疑。我這個人一向不喜歡辯解，也不會在乎別人相不相信。但細細思量，我總覺得在目前的情況下，凡是有良心的台灣人，遲早都會有類似我這樣的遭遇。既然如此，面對他們時，我更應該保持客氣、親切，展現身爲前輩的氣度與風範。

只是，大約一小時的談話內容要鉅細靡遺地以問答體寫下來，恐怕版面難以負擔，再加上有健忘症的我當時談了些什麼，幾乎都已忘光了，自然無法詳實記載。除此之外，我也得尊重對方的立場與人格，所以我還是只擇其大要寫寫吧。

其實，國民政府所發的護照對我只會造成無謂的物質與精神負擔，完全沒有好處。十一年前我在沒有護照的情況下來到日本，一直活得好好的，當然不會再想拿台灣護照回國或前往外國。按理說，一個國家發給國民護照，主要是為了讓國民出國時可以請對方的國家加以保護，或者由駐外機構伸出援手。但或許是國民政府的法力無邊吧，我完全沒有被保護、被照顧的感覺。相反的，四、五年前接受日本出入境管理局的建議而決定申請中華民國護照時，連續四、五天大老遠跑到橫濱的總領事館，有一次只遲到五分鐘，館方人員卻拒絕受理，讓我耗了兩小時的午休時間等待，憤怒之餘，連午餐也吃不下了。後來領事部遷到麻布（地名），地處偏僻死角，交通非常不便，我每次去，都覺得很浪費時間、心情頗不舒服。其實就像古時候那些動物（譯按：指《桃太郎》故事中的猴子等動物）的做法，如果你桃太郎願意給點好處，即使是爛掉的香蕉或者一個飯糰也好，「我們」都願意跟隨你到鬼島去。然而，我每次不遠千里跑去使館，目的卻是為了繳錢。如果是護照更新，得繳二、三千元（日元，以下同），延期則每次九百元。雖然學生身份可以享受類似看電影半價的優待，但對於必須靠打工維生的我而言，這筆費用仍非常可觀。而如果去繳錢時，能享受到百貨公司「以客爲尊」的對待還沒話說，不料每次去，那些「中華官國」的人都趾高氣昂，不把我這個無名小卒看在眼裏。他們總是擺出「你是來付簽名費的吧？」那我就高抬貴手爲你簽一簽」的高姿態，眞是令人厭惡。

然而冷靜想一想，我能夠有今天，畢竟也是托這本護照之福。所以，我當然不能「忘恩負義」，在背後說他們的壞話。——我沒有拿到護照就來到日本，是四種身份之中第三種所謂的「特殊情況」。而因爲我來日本的理由是「研究學問」，所以不管如何，我非得研究學問不可。所幸我順利地在大學復學，回頭從一年級唸起，「大器晚成」，唸起來自然輕鬆自在。只是每年申請延期居留時，必須附具成績證明書以及系主任的推薦函。當然，在大學設籍的我不可能隨便亂跑的。就這樣光陰似箭，我很快唸完大學部三年課程（舊制大學只需唸三年）。正在擔心出路之際，剛好新制研究所出現，我很幸運地考取碩士班。碩士課程只用兩年就快速唸完，博士課程原本預定唸三年，卻拖了五年。唸日本最高學府（東京大學）畢竟有其好處，其他學校就沒有如此完整的銜接課程了。結果到了今年春天，博士課程終於修完，鐵杵磨成繡花針，我已在日本唸了十年書了。十年來，我之所以如此用功，其實也是因爲我沒有護照，只好拚命唸書。

這次更換的護照，就是幾年前被日本入出境管理局慫恿去使館申請拿到的，只是沒想到幾年來根本沒有用到這本護照，結果變成「是凱撒的東西，就還給凱撒」。

當初辦護照時，為了找證人，我可是費了很大的功夫。雖然我在日本有許多台僑友人，但不知道他們是否懷疑我可能投共，竟沒有任何人有勇氣扮演「天野屋利兵衛」（譯按：出現在日本名著《忠臣藏》中的商人、義俠）。沒辦法，我只好請恩師倉石武四郎博士出面，結果卻被使館人員罵得很慘，說：「這麼重要的護照，為什麼要找日本人保證？」「這個日本人是很不受歡迎的人物啊！」等等。在忍無可忍之餘，我只好丟出一句：「如果你們不給我，那也就算了。不過，如果你們可以註明不給我護照的理由，我相信日本的入出境管理局應該也會給我居留證的。」

這次換照時，我也同樣這麼說，可惜沒有奏效。

總之，我那次很誠懇地跑去申請護照，他們倒也沒有任何刁難，很快就把證件發下來，一切圓滿解決。為了避免誤會，我想還是說清楚，原因應該是，他們大概也認為我在日本眞的是在「研究學問」，日本的入出境管理局才爽快地接受我的申請。不知道算不算自吹自擂，或許這就是所謂的「自助天助」吧。不僅如此，我博士課程即將修了（譯按：修業期限居滿、學分修完）之前，就已經在明治大學擔任講師，一直到今天。或許因為我在明治大學的工作成績還不壞，使館人員有一次前往明治大學要求他們將我免職時，反而吃了明治大學「永遠做為民主自由搖籃」（譯按：這是該校校歌歌詞的一部分）校風的閉門羹，終於落荒而逃。（這項傳聞是真是假，至今我仍無法證實。）

言歸正傳。此次前往申請護照延期，時間是十月四日。通常一週之後就會辦好。但我十一日打電話探詢，卻說還沒完成。等我參加完關西的學會活動回來，二十一日又打電話過去，對方卻表示必須面談，希望我親自前往。此時我就有心理準備了，不忘事先打電話告訴幾個朋友，「這次去使館應該只需三小時，如果我四點半之前沒打電話回來，就表示已經出事了，麻煩你們展開救援行動。」雖然我沒辦法和孫中山相比，但我知道孫中山曾經「倫敦蒙難」，台灣話有道是「細膩無蝕本」，我還是小心爲要。

我坐在領事館的大廳椅子上等了三、四十分鐘，裏面才走出一個四方臉、膚色白皙的人，說有事要和我談，希望我跟他上二樓。對我而言，當然要在有許多人可以作證的地方比較好，但大廳畢竟吵雜，確實不是良好的談話場所。不得已，只好答應上去。上到二樓後，走廊立刻出現一個皮膚黝黑、看起來很幹練的年輕館員，於是形成三人鼎坐而談的局面。

剛開始，我們照例寒喧幾句（我發現這位年輕館員是台灣人）。他們都說我的北京話發音非常正確，令人佩服，我則答謝他們的「過獎」。然後他們說「相見恨晚」，恨不得能早日認識我、成爲我的知己，我則感謝他們這幾年來的照顧。他們又大大地褒獎了我的論文著作，我則對他們的賞識愧不敢當。就這樣過了一會兒，我告訴他們，「對不起，我五點半還有課，四點半之前必須離開這裏。請原諒！」這時候他們便立刻切入正題了，說道：「那麼，王先生啊，這個這個這個，你也是知道的，東京有廖文毅那一幫人……」

回想起來，我們三人雖然談論著天下大事，卻從頭到尾都帶著微笑，事後我不免後悔，當初被邀請上二樓時似乎擔心過多了，拒絕他們好意遞上的香菸也太失禮了，簡直就是「以小人之心，度君子之腹」。所以在此我想再度為誤解兩位使館君子一事，表達個人的歉意。

在他們提出問題之後，我很坦白地回答，原則上，我對廖文毅有其認同之處，也有一些批判。我這麼一說，他們立刻迫不及待地質問我認同廖文毅的理由，並且開始對我說教，說一些政府做了什麼，國家扮演了什麼角色，民主主義的涵義何在等等的。我則一概含糊地點頭，不置可否。當然，如果要好好地討論，他們口中的政府與國家是否能稱得上是眞正的政府或國家，恐怕還值得商榷。他們看起來雖然是忠實的國民黨黨員，但我倒覺得他們的話只是人在其位，不得不言。我眞的很想好好和他們討論，列舉各種證據，一一加以反駁。當然，我能體會他們的立場及完成上級交代任務的壓力，乃至中國人普遍的面子主義，我也深感同情，再加上他們也尊重我身為「自由人」的立場，因此在時間有限的情況下，我決定初次見面不給他們難堪。總之，我認為此時的最佳良藥就是馬虎主義——「大事化小，小事化無」。

這些官員把獨立運動視為共產主義的爪牙，一開始就加以定罪。但有趣的是，中共卻把獨立運動視為美國帝國主義的同路人，同樣先給你戴帽子。由此可見，獨立運動基本上是反蔣、反共的。這兩位使館館員拚命要說服我，說共產主義沒有自由、民主與人性。但另一方面，我在某本書中讀到，中共宣稱：是因爲國民黨自己變成「刮民黨」，才會被民衆趕出大陸的。對這種互指不是的狀況，廖文毅一針見血的結論是，國民黨與中共其實是一丘之貉。

總之，各方說法南轅北轍，但所謂做學問，最根本的目的就是整理、分析複雜的現象，找出條理來。所以，愈是複雜的現象，反而會讓學者更帶勁，而其辛苦找出來的條理，也更有價值。同理，周遭情況愈複雜，反而愈能激發我的勇氣，絕對不會有絲毫的氣餒。

我也曾僭越地假設，如果我是他們，即使多麼在乎「飯碗」，我也不會像他們這麼做。在我看來，像他們這樣用簡單原則就要把複雜事物一刀切，實在很可憐。此時我突然想起巴斯卡那句話，所謂「人類是一根弱小的蘆葦，卻是能思考的蘆葦」。確實，如果你有不懂之處，只要認眞思考，應該可以找到答案的。

我聆聽著他們持續不斷的單向說教，突然想到自己完全不能苟同他們的話，卻一直點著頭，眞是矛盾。但說不定這些人也是表面上威勢凜凜，心裏想的卻並不是那麼一回事呢。每思及此，我不禁苦笑起來。

眼看已趕不上上課時間，我只好斷然做出結論，「總而言之，我很懷疑我的思想和申請護照有什麼關係？」我這麼一說，兩人似乎鬆了一口氣，其中一位更用閃躲的語氣說道：「發護照是樓下的工作，我們在二樓談我們的。……」

接下來，我爲自己帶給他們困惑之處，向他們表達歉意；他們則一再說不好意思，浪費了我寶貴的時間。然後我就告辭離開了。

來到樓下時，我提醒領事館的人：

「我不想下次再白跑一趟，如果有了確定的結果，請你們用明信片通知我。」

此時時鐘指著五點十五分。我不免擔心我那些忠實的朋友們一定以爲我「出事」了，正開始奔走、準備要營救我來了。此刻我只能無奈地嘆息，唉，被迫浪跡天涯的台灣人，你的「劫數」何其多呀！

（刊於《台灣青年》五期，一九六〇年十二月二十日）

（蕭志強譯）

請辭總編輯職務

在此，我要由衷地向援助我個人及透過我支持《台灣青年》的諸位先進致謝。諸位的恩義，是我一輩子不能忘懷的。

說起來令人氣餒，這四年來的繁忙工作，已稍稍損及我的健康了。最近一年來的身體不適尤令我覺悟。禿頭愈益嚴重，白髮也增多了，這雖無可奈何，但長年的痔瘡仍令我困擾。一旦病情發作，在正襟危坐等候看診時，似乎可稍獲舒緩，但若工作積壓過多，就變得焦慮不安了。因爲想要趕上落後的進度，又得加諸許多的勉強。醫生雖勸我動手術，但如果得住院二個禮拜，那可是大事一件了。最近又爲失眠而苦，無法消除疲勞，以致於上演了一幕昏倒路上而受傷的失態場面。

至此，我已感受到人生第一階段的極限，因而斷然決定退出工作。一方面是因爲人到中年，必須進入「人體維修場」做精密檢查，希望藉此養精蓄鋭。再加上我此前一直在釋放能量，腦力也愈形乾涸，所以需要好好地充電、進修，爲第二階段的活動做準備。

我心中倚仗的是，許多年輕的同志們已堅忍卓絕起來，更加團結一致了。今後得要靠同志們的堅強奮戰了。我也會盡量地儲備力量，拜託各位給我永遠不變的，不，更多的理解和支持。

（刊於《台灣青年》三十八期，一九六四年一月二十五日）

（李尚文譯）

北京兒戲般的計謀

二月十二日，有兩封橫寬二十三公分、縱高十公分的白色西式航空信送到筆者家中。發信地點是北京，上貼「中國人民郵政」的五十二分錢(約七十五日圓)郵票，郵戳日期是二月九日。我放在手心掂了掂，並不覺得特別重，應該沒有什麼異狀才對。

其中一封寫著「王育德同志收轉郭榮桔收」，另一封則寫著「王育德同志收轉林啓旭收」。郭氏是在日台灣同鄉會會長，而林氏則是本聯盟的前任委員長，令人百思不解的是，這兩封信爲何不直接寄到他們手上，反而要繞個圈子，託筆者轉交呢？或者因爲筆者屬於所謂的「知名人士」，比較容易取得住址吧，可是寄件人一方面親切地稱筆者爲同志，另一方面卻直呼收件人名字，並未加上任何敬稱，這豈不是失禮至極嗎？不過筆者還是謹守著「資產階級式」的禮節，不敢私自拆閱他人的信件，原封不動地將信件交到當事人手上。

兩位收信者都對這封來路不明的信件感到好奇，在筆者面前便立刻拆閱，結果卻令人大吃一驚！寄給郭氏的信封內，竟然是一封寫給筆者的信函，信封跟信件內容都是以簡體字書寫，以下便是全文內容。

「育德同志：

你送來的報告已經收到，內容十分具體且詳細。基本上，『本年工作計畫』的內容也頗爲得體，上級命令我，謹代表黨與祖國政府向你與同志們致上衷心的敬意。希望你們能繼續努力，百尺竿頭，更進一步，爲台灣解放與祖國統一的大業，做出更大的貢獻。

以下，針對你的報告及計畫，傳達幾項組織方面的意見。

一、一月十五日的那場會議中，安排宮崎繁樹與川久保公夫兩位教授出席並不恰當。在什麼樣的會議上，該讓什麼人參加？什麼樣的會議又不該讓哪些同志們參加？有關這個問題，今後應該特別注意。這並非對同志信任或不信任的問題，而是在不同的環境條件下，對工作方法的調整罷了。

二、在工作計畫中的第三點『對祖國政府的小罵大幫忙』，這個觀點十分正確。你儘可大膽地放手去做。如果環境需要的話，儘管攻擊，不須手軟！畢竟這是工作上的特殊需要，組織方面十分諒解。這方面的相關責任，組織會完全承擔。

三、『二二八』紀念遊行的參加人數僅只一百餘人，這樣的陣容顯然過於寒酸，應儘量動員更多的群衆，至少也要有五、六百人以上。至於活動經費方面，你大可放心，組織方面答應提供的兩千萬圓，將會分五次寄達。

四、工作的重點對象應該放在學生身上。這些學生雖然長期以來，受到蔣匪資產階級教育的負面影響，但是只要進行綿密的思想工作，縱使一次、兩次、三次失敗，持續十次、二十次、三十次，一直做下去，一定有成功的一天。要注意的是，應該利用各種休閒活動的機會(例如野餐等)，來進行思想改造的工作，太過艱澀的說教或過於頻繁的座談會，反而會產生不必要的反效果。

五、『爭取美國總統的支持』這一點確實十分重要！不過你所提出的策略稍嫌消極，希望你能夠重新擬定一份積極的計畫，再送回組織來。

以上這五點意見，希望你能夠轉達給核心委員會的其他同志。

最後謹在此祝同志們的身體健康，以及工作的勝利。同時向各位致上革命崇高的最敬禮！

華僑事務委員會　魏斌

七七、二、八」

這些內容簡直荒誕無稽到了極點，令人看了不禁為之噴飯。

首先，一月十五日是日本「成人禮」的日子，當天筆者根本未曾外出，可說握有充分的不在場證明。就算出門，那天也根本沒有人舉辦什麼會議。

雖然筆者跟東京的宮崎先生，以及大阪的川久保先生都是熟知的舊識，但是就筆者的記憶所及，兩位根本未曾同時出席過任何會議。雖說這是敵人意圖中傷的詭計，但是這兩位先生的名字被用來作爲誣陷的藉口，筆者對此感到深深的憤怒。而且對於兩位因筆者所蒙受的困擾，也感到十二萬分的歉意。筆者身爲獨立運動者，無論受到任何毀謗、中傷或攻擊，都能甘之如飴，但是對於具有社會地位與名譽的日本友人，卻無端受到筆者的牽連，變成敵人大作文章的材料，這點筆者實在難以忍受。

至於「在什麼樣的會議上，該讓什麼人參加？什麼樣的會議又不該讓哪些同志們參加？」這個問題，不勞對方費心指導，筆者早已了然於胸。另外對留學生啓蒙宣傳的重要性，這一點筆者更是時時銘記在心，不敢或忘，只不過筆者向來致力推動的都是獨立運動的方向。又信中所說的「縱使一次、兩次、三次失敗，持續十次、二十次、三十次，一直做下去，一定有成功的一天」云云，更是筆者早在公學校時期，便已從青蛙躍上柳枝的寓言故事中學得的道理，看不出對方究竟把筆者當成什麼。

至於「小罵大幫忙」這一段，就計謀而言，倒是運用得不錯。通常，反對最力的傢伙，往往就是對方的爪耙仔，這一點歷史上屢有明證——在二二八事件中，陳儀的間諜便曾經混入王添灯主持的處理委員會中，而該名間諜便在會議中大肆主張，提出許多不合情理的要求，最後才擬定所謂的「三十二條」要求，這也使王添灯等人最後難逃叛亂罪之名。因此，我們向來對這方面極為謹慎，爾後更須嚴加提防才是。

不過信上也提到一件讓人稍感寬慰的事，那就是承諾提供筆者兩千萬活動費。儘管整封信都是毫無根據的空穴來風，但是無意中還是會顯露出若干真實面。從信上所提到的這件事來看，中國對日本的某些特定團體提供金錢上的資助，應是毫無疑問的事實。

可是對方似乎沒想到，這個把柄卻可能成為謊言破局的關鍵。因為如果沒有這筆款項送到，那就間接證明這封信的內容根本是子虛烏有，而如果真的把錢寄來，筆者當然是毫不客氣地收下，然後轉作聯盟的活動之用。畢竟這些年來受到洛克希德事件的影響，對於授與或收受這種來路不明錢財的一方，都不是一件容易處理的事。

至於這封信為何指明交給郭榮桔先生，相信聰明的讀者已經露出會心的微笑，對方的目的其實十分簡單，只想藉機傳達一個訊息，就是誣指王育德是中國政府的地下情報員。

至於另一封寫給林啓旭先生的信件，內容更為簡短。以下是該信的內容。

「榮桔同志：

陳同志返國之後，已經將你目前遭遇到的困難，以及你的要求向組織報告。黨跟政府一定會全力支持你，幫助你解決眼前的困難。

不過，在活動經費方面，表面上還是必須僞裝爲出自你之手，其中原委相信你能充分理解。

有關工作上的具體意見，已經在育德同志的信件上說得很清楚，你可以直接跟他聯繫。

謹致上革命的最敬禮！

華僑事務委員會 魏斌

七七、二、八」

信上提到的這名「陳同志」究竟是誰，其實沒有追究的必要，因爲整件事徹頭徹尾就是個謊言，人物自然也是憑空杜撰出來的。令人覺得有趣的是，這篇短信的寫法，的確十分能夠掌握郭氏海派的企業家性格，對於事情的交代相當簡要而籠統。而這封信的目的，當然是要讓林氏相信，筆者跟郭氏都是中國方面的間諜。

幾天之後的二月十七日，終於輪到「王育德同志收」的信件了，寄信人同樣還是魏斌，郵戳也是二月九日，信末的署名日期一樣也是二月八日，不過令人費解的是，爲何只有這封信延遲了數日才送達。

趕忙拆信一看，果然輪到「啓旭同志」上場了。如此一來，總算構成一個完整的循環，讓人完全看清對方的伎倆。信件的內容如下：

「啓旭同志：

有關工作上的具體意見，組織方面已經向育德同志轉達，請你直接與他聯繫。

育德同志在工作上甚爲積極，責任心也強，但是在工作的方法上卻有所缺失，你應該幫助他透過實踐，改善這些缺點，一步一步朝向正確的方向邁進。針對其他同志的思想工作上，你應該投注更多的心力，協助彼等免除個人的偏見，對台灣解放及祖國統一的大業，做出更偉大的貢獻！

謹致上革命的最敬禮！

華僑事務委員會　魏斌

七七、二、八」

整篇文字的大意，應是指示林氏鞏固以筆者爲中心的領導陣營，對於不同的反對意見，則由林氏出面加以溝通疏導云云。

根據友人方面的消息，過去確實有一個「華僑事務委員會」的組織，可是現在早已不復存在。不過無論華僑事務委員會是否存在，北京方面針對海外台灣人的情報工作上，肯定設有專職負責的機構。就日本方面而論，廖承志應該是最高的負責首腦。至於魏斌其人是否眞實存在，則不得而知。

想來雖然令人不快，不過非常明顯地，這三封信共同的重點的確是衝著筆者而來。也就是說，這個詭計的目標對象，正是筆者沒錯，看來還眞得感謝對方對我的高估。郭氏與林氏都是筆者多年的知己，看到這些胡言亂語的誣衊信函，無不失聲大笑。

不過這種三腳貓的廉價詭計，實在拙劣到了極點，三封信加起來居然花不到一千圓的成本。可是話說回來，這種莫名其妙的造假信件，對方大可四處散發，如果收信者對筆者、郭氏或林氏原本即有反感的話，這種黑函確實是用來攻擊的絕佳材料，無論當事人是無意中受到誤導，還是蓄意地加以濫用。因此筆者覺得，無論如何有必要在此做出嚴正的公開聲明。

不管是中國政府，或者是蔣政權，對於筆者的一切陰謀詭計都是白費，勸你們別再多費心機了。或許在貴國，只要靠這些兒戲般的雕蟲小技便能夠陷人於罪，可是請別忘了，這裏是開放的日本社會。還有一件事，對貴國來說或許不是一件好消息，現在聯盟的幹部們（一如前述，郭氏乃旅日台灣同鄉會會長，與聯盟並沒有直接關係），一個個都是具備鋼鐵般意志的革命家，在爭取獨立的大旗之下團結一致，如果你們想靠一些卑劣的小動作，試圖分化我們的組織，無疑是白費工夫。

我們堅決反對中國對台灣的侵略野心。台灣是台灣人的台灣，絕對不屬於中國人。我們從不記得有被「解放」的事實，所謂的「祖國統一」也跟我們毫無關係。在此必須附帶聲明的是，我們也絕對反對蔣政權叫囂的「反攻大陸」政策。中國人自家的權力鬥爭，請滾回中國去自行了斷！台灣是台灣，絕對不是中國！任何想在台灣實施強權統治、蹂躪台灣人的政權都是我們的敵人！面對敵人，我們誓言戰到最後的一兵一卒。聯盟一定會挺身站在所有台灣人的最前方，爲我們的台灣而戰！而筆者永遠是聯盟忠實的成員，台灣同胞絕對不能被中國人的奸宄計謀所欺，在此謹提出最誠懇的呼籲，大家一定要對聯盟有充分的信心，與我等並肩作戰，堅持下去！

（刊於《台灣青年》一九八期，一九七七年四月五日）

（蔡德詠譯）

《台灣青年》二十年的回顧

《台灣青年》在今年春天已創刊屆滿二十周年。我在三十六歲時投入台灣獨立運動，現在轉眼已經五十六歲，可算已相當久了。但願今後的戰鬥應不需再那麼長久吧？

對於《台灣青年》以及台灣獨立聯盟日本本部推行的獨立運動，史家一定會做細密的追踪，並做出公正的評價，但在此屆滿二十年的時點上，來回顧一下過去的歷程，相信對我們自己、對讀者都應有所助益才對。

具有組織始得發行雜誌

《台灣青年》是台灣青年社的機關雜誌，創刊於一九六〇年四月十日。從其發展的足跡來看，台灣青年社可以說是現在台灣獨立聯盟的母胎，台灣青年社從第二〇號（一九六三年五月二十五日）改稱台灣青年會，從第五八號（一九六五年九月二十五日）改稱台灣青年獨立聯盟，從第一一〇號（一九七〇年一月五日）起成爲現在的組織。

《台灣青年》從創刊號至第九號（一九六一年八月二十日）為雙月刊，從第十號（一九六一年九月三十日）起改為月刊，至今年一月已經發行二三一號。若全卷蒐齊的話，應佔有整整一個書架了，已稍有壯觀之型。無論戰前乃至戰後，在台灣人發行的雜誌中，沒有一份比它更長久了。

就日本來說，比本誌先創刊的有「臨時政府」的《台灣民報》與神戶・黃介一的《台灣公論》，但前者現在已不定期出刊，而後者則老早就已廢刊。

在本誌發刊之後，先後有《自由台灣》、《台灣公平報》、《台灣獨立通訊》、《台灣新聞》、《獨立台灣》、《台灣獨立軍》、《台灣文化》等多種報紙、雜誌、小冊子出現，但也先後忽焉消失。

這種現象正好給對獨立運動懷有惡意的人有誹謗中傷的藉口，即「獨立百派」、「台灣人不能團結」等。我之所以能以《台灣青年》為傲，乃是早已洞悉這些雜誌的命運。

要發行出版物，至少需要稿件與資金，這是三歲孩童也知道的事。若無一定的可行性，將會如同「線香煙火」成為「短命雜誌」，告終是可以預見的。

若是文學青年的同人雜誌，或許會對「短命雜誌」存有憧憬。但是，主張台灣獨立的政治宣傳物，如果只如突然上昇、又突然散開的「煙火」，豈不會產生反效果嗎？

除需要稿件與資金之外，背後還得有組織支持，這是許多人沒有想到的。但無論一個人擁有如何優秀的才能與體力，也不堪長久的消耗，何況他也有陷入低潮之時或生病之日。爲了補救這些缺陷，出版刊物必須要有組織。

資金若靠私人財產投入，將不能持久，且也不是應有的態度。金主若只靠一個人，則難免受其影響，而且也會有斷炊之虞。因此，資金的調度也須依賴組織的力量，以期萬全。

其實組織本身並不容易。從事獨立運動的人皆富反骨精神，比一般人個性更強烈。因爲參與獨立運動的動機之一是反抗獨裁政權，故其本質都是主張自由的人們。日本與美國的社會充滿自由、民主的風潮，其情況更是如此。

組織是將複數之人集結在同一綱領之下，當然需要一位最高的負責人，因此需要制訂規約，使組織成員服從，再依據能力與資歷，自然形成序列，以確立命令系統。

在爲自由而戰的過程中，個人的自由往往會受到限制，因此反對獨裁強權的組織反而常常過到必須行使獨裁強權的場面。

島內台灣人的政治運動者中，曾有「想要領導他人之前，必須先學會被人領導」的自誡警語。從事獨立運動者之中，通常有患「大頭病」之人，不喜歡受到組織的拘束，若不能擔任領導者，就要脫離組織。這種人若不是「一人一黨」，即是「一匹狼」。

他人之事難於啓口。我且以自己爲例，請勿見怪。我創立台灣青年社，並曾擔任四年的負責人（委員長），以後則在黃昭堂、辜寛敏、許世楷、周英明、林啓旭五位委員長之下，忠實地成爲他們的部屬，認眞地工作。

然而，如此的小事卻是獨立運動史上破天荒的。聯盟委員長是由中央委員互選產生，唯落選者無不在新委員長之下認眞工作，這種良好傳統在黃昭堂以後獲得確立（辜寬敏例外）。因此，三年前盟員金美齡赴美巡迴演講時說：「日本本部雖然沒有很大的業績，但有王育德先生的率先垂範而克服『大頭病』一事，足可引以爲傲。」

忍耐著超重的負擔

《台灣青年》從創刊號至第一二八號（一九七一年七月五日）都是橫式編排（這是我的構想），如此可使版面配置有變化，可說是成功的。

創刊號是四十八頁，到第三號止，頁數略有若干增減，但大致維持此一規模。從第四號以後，就一律改爲六十四頁，維持到第七〇號（一九六六年九月二日）。近七、八年來，頁數縮減爲半數的三十二頁，令人有些慚愧。內容與形式也墨守成規，的確出現停滯的傾向。

像我們這種政治性雜誌，需要兼顧主張、資訊和教育啓蒙三方面。在主張方面，無妨摻入一些感情性的東西，盡量說想說的事。資訊方面，則不得摻入主觀要素，而須傳達所有事實。教育啓蒙方面，則登載與政治無關的歷史、語言和文學。將此三者融合，成爲一本廣泛而高水準的機關雜誌。

雖然抱有這種理想，但要實行並不容易。主張是任何人都能寫、也喜歡寫的，所以才會出版雜誌，但是連續二、三號都繼續類似的內容之後，讀者會說「都知道了、知道了」而感到厭煩，其後難免會將雜誌丟進垃圾桶，寫文章的人也會因長久消耗而覺得不耐。

資訊方面，要參考國內外的新聞雜誌和旅行者的見聞，盡量選擇熱門而重要的消息傳達給讀者。因爲日本媒體關於台灣的報導不多，所以這些資訊的利用價值必定不小。但若無能力與見識，則不能達成。

教育啓蒙方面，則由於獨立運動者本身的知識素養亦不多，所以需要很大的努力。《台灣青年》以外的出版物之所以不能持久的原因之一，即因爲資訊與教育啓蒙二者較弱之故。

機關雜誌是一個組織的顏面。顏面要給人看，讀者才會知道其組織還健在，獨立運動還在繼續推行。

我有時會聽到：「若有發行雜誌的資金與能量，應該將其用於島內工作」的意見。當然，此點若能實踐，也不失爲一個很好的方針。

聯盟內也有人不滿現狀而吐露類似的聲音，但卻立即被衆人否決。因爲大家都意識到，如果沒有雜誌，組織無疑會崩潰。爲什麼會崩潰呢？因爲募款活動將無法奏效。人家要看實績才肯捐款，而雜誌就是最明確的實績。島內工作有不能明確誇示其實績的不利之處，因此，有人會誤以爲聯盟未傾力於島內工作，殊不知我們認爲：島內才是我們的主戰場。

我直接參與到第三八號（一九六四年一月二十五日）爲止，終因過度勞累而有六年時間退出第一線工作，但自第一一〇號（一九七〇年一月五日）起，又重返發行人工作迄今。

在我主持期間，對雜誌編輯而言，這是一個嚴格訓練的場所。編輯會議必須嚴守時間，並指定交稿的期限。

重要的稿件必須逐一詳讀、修正字句之外，對其內容也要認眞加以討論，我知道唯有如此，才能使成員有理論的武裝。

雜誌的發送作業能夠培養相互間的連帶意識。大家一方面共同慶祝這個月又完成了一期雜誌，另一方面轉動著印刷讀者姓名與地址名條的機器，將雜誌裝入信封，然後分區迅速送給讀者，在分工合作下，工作順利進行。

從第四三號（一九六四年六月二十五日）開始，同時登載漢文與日文的文章，但自第七一號（一九六六年一月二十五日）以後全部改爲漢文版，直至第一一〇號爲止。從第一一一號（一九七〇年二月五日）到第一四九號（一九七三年三月五日），漢文版與日文版交互出版，從第一五〇號（一九七三年四月五日）起又恢復日文版。

發行漢文版期間，爲了方便日本人讀者，每個月另行出版日文版《台灣》，從一九六七年一月十日出版一卷一號起，到一九六九年十二月十日出版三卷十二號爲止，共出足三年份。

或許讀者的記憶已經淡薄，從一九六二年七月起，我們另針對歐美發行有英文版《Formosan Quartly》，並於一九六四年二月改為《Independent Formosa》，持續數年之久。

當時之所以會參入漢文的文章或發行漢文版，是因為編輯部有精通中文的年輕成員加入，以及主張應以不懂日語的台灣人為對象的意見頗強之故。

這是早已存在的新問題。爭取海外留學生以強化組織，固然重要，而以日本為戰場的對國府（蔣介石政權）與中共（中國）的宣傳戰，也是我們的目標之一。一本雜誌要完成兩種使命，實在不易兼顧。

在六〇年代前半，留學生大多會講日語，也會以日文寫作。因此，使用日本語發行雜誌並無不當。

但隨著時間的流逝，留學生雖然勉強會讀日文，可是已經不太會寫作。這種留學生使用中文投稿，也不能完全置之不理。此外，為了擴大組織，雜誌必須分發到美國、加拿大和歐洲。

回復日文出版的原因，是美國總本部決定發行漢文版《台獨》月刊。《台獨》創刊號於一九七二年三月二八日出版，但我們認為必須暫時觀察其過程是否順利，所以繼續發行一年（六期）的漢文版。

體裁或用語雖有變遷，但大家都用心嚴守出刊的日期。初期大致是二十五日，從第九九號（一九六九年二月五日）起改為每月五日，十一年來一直都被遵守著。

雜誌每期都能完整發行，讓讀者知道組織運作正常，這是確立權威之道。

伴隨著組織的擴大

當初以台灣青年社為組織名稱，是為了淡化政治結社的色彩，以免對有政治敏感症的留學生產生太大衝擊。而讓明顯反對國府政治立場的我站在幕後，是為了便於造成此乃留學生共創雜誌社的形象。（創刊號的編輯後記有言：「台灣語講座特別拜託王育德氏執筆」）

成員都有所覺悟，但對「臨時政府」的關係感到不安。因為廖文毅有很高的知名度，大體上留學生要到這邊之前，都會先去探一下「臨時政府」，並以能和廖文毅會面感到興奮。

由於這個緣故，創刊號社論「告台灣青年書——代發刊詞」特別寫道：「……我們不是要做過激的肉體運動，也不認為有其必要性。我們只想訴說我們的苦惱，以期舒洩心底不明的雜念。我們以自己的研究與見聞告知友人，提供友人作為參考，因為任何人都希望接受友人的批評，任何人都在關心故鄉的消息、海外的事情以及學界、鄉親、友人的動向。我們希望這本雜誌能夠扮演大家的口、耳、眼的角色。透過這本雜誌，期盼台灣青年存在的意義，能讓華僑社會、台灣的父母和世界的人們銘記在心。」可說既柔性又感性，有如同好者雜誌的口吻。

關於雜誌的出版，茲引用金美齡的話表現其時讀者的反應。她說：「收到創刊號那一天，我認爲偉大的刊物終於出現，因興奮而不能入眠，究竟是何等人物所做，很想與他們會面。」

以另類意味表示歡喜的是「臨時政府」。

「王先生到底在幹什麼？不過如此的程度而已。」連與我較親近的李伯仁也如此嘲諷著。我只對他表明我的本意：「請觀察我今後一年間的作爲吧！」

到第六號（一九六一年二月二十日）爲止，《台灣青年》是利用東京玉川郵局的信箱發行，這是爲了盡量替我保密之故，但從第一三號（一九六一年十二月二十五日）開始，即使用我的名號爲發行人。

住在玉川郵局附近的蔡季霖負責前往開啓信箱，單是爲了前去開啓信箱也很費神。只因國府大使館似乎早已發覺背後的眞相，以致在創刊那一年的秋天，我即受到使館方面鄭重的警告（參照〈申延護照風波〉）。

從第七號（六一年四月二十日）起，青年社的所在地即明示爲豊島區千早町二―三五。過去的計劃均順利實現，在這一年的三月，我買了一間小小的房子，將住了四年的租屋還給房東。這樣，即使被投炸彈，也不會對房東造成困擾，我也以能夠公開大方地從事政治運動而感到欣喜。

由於接連受到韓國學生革命、美國UFI運動成立及雷震被逮捕等事件的刺激，《台灣青年》也加深政治色彩，終於在第六號「二二八特集」明白闡明政治立場。

「二二八特集」是《台灣青年》中最值得紀念的一號，全本共厚達一百四十四頁，可以說是空前絕後。

爲了準備該特集，我前後花費了十一年。在脫出台灣時，我於內心宣誓：必要究明二二八事件的眞相。到日本之後，我走遍所有舊書店、圖書館，並探訪友人，廣收有關資料。該特集的出刊，獲得很多同志（尤其是鄭飛龍）的協力，終於趕在一年後的二二八紀念日出版。

有如預期般地，此特集引起很大的迴響。組織的成員因而增加，資金的管道也大爲擴張。成員的意識高揚，開始出現「台灣青年社若僅是雜誌社，難免略感不足」的聲音。同時，需要組織和大衆運動的勇敢聲音也開始出現。於是，我們將組織改名爲台灣青年會。

一九六五年正式改稱爲台灣青年獨立聯盟，這對組織來說是一個轉機。因爲同年五月十四日，廖文毅返台投降，獨立運動全面受到衝擊，成員無不痛感必須取代「臨時政府」，以負起重大的責任。同年五月十九日，黃昭堂任滿退職，由過去在幕後活動的辜寬敏擔任委員長。

關於此事，第五八號的「編輯後記」有如下的說明。「許多成員提出，應該一見刊物就知道組織的目的……因此保留創立以來的台灣青年四字，再加上獨立兩字，而且，爲了象徵組織已逐漸擴張發展，最後再附加聯盟兩字。」

除美國以外，加拿大及歐洲方面如何從事組織活動，其詳細情形不得而知，但到了第九二號(一九六八年七月二十五日)時，我們聯合發表聲明：「從七月號起，由歐洲台灣獨立聯盟、全美台灣獨立聯盟、在加台灣人權委員會、日本台灣青年獨立聯盟共同發行。」

從第九三號(一九六八年八月二十五日)起，封面就印出上述四個組織的「共同機關誌」字樣。

如衆所周知，美國早在一九五六年就成立三F(The Committee for Formosans' Free Formosa)，一九五八年發展爲UFI(The United Formosans for Independence)，但進入六〇年代以後，其活動反而停滯。其間，在日本的組織不斷地延伸到北美洲，促使全美台灣獨立聯盟得以成立，並吸收UFI成員，形成更大的組織。

基於這樣的基礎，在一九七〇年一月一日更發表宣言，將包含台灣本部(前台灣自由聯盟)在內的五個團體，合併成爲世界性規模的台灣獨立聯盟(總本部設在美國紐約)。

美國本部負起對美國與聯合國的遊說工作，日本本部則負起發行機關雜誌的任務，這當然是因爲我們的理論武裝最完整，而且已具有十年以上資歷所致。

池袋的梁山泊

在經過一段籌備期間之後，於一九六〇年二月二十八日，在我所租的小屋(東京都豊島區千川町一－二十三－七)創立台灣青年社。

創立時的成員(包含我在內)共六名。我們沒有所謂的綱領或宣誓書，只由黃昭堂到處表示：「聽說王先生想要出版雜誌，很有趣，大家來幫幫忙吧！」以此招兵買馬。結果除廖建龍以外(台北市出身)，其餘全是他的朋友，也都是我在台南一中時的學生。

我以東京大學肄業的學歷，在戰後當過三年半的台南一中教員。台南一中(原台南二中)是與台北建國中學(原台北一中)、台中一中(保持舊稱)三強鼎立的名校之一，集結著許多台灣南部的優秀子弟。

在美國方面，初期的獨立運動成員也多是台南一中出身。因此，我們有時也被指責說：「不是台南一中就不能參與獨立運動嗎？」台南一中云云，當然是沒有意義的說法，因爲美國方面也在其後幾年就改變陣容，而日本這邊，也早就有一人脫隊，然後又有二人被除名處分，最後只剩下黃昭堂。

所謂同窗意識或師徒關係的前近代性結合，當然不堪時間的考驗，故其斷裂也許是好的現象。黃昭堂和我，與其說是師徒關係，毋寧說是志同道合而投入獨立運動，這從其後的各種經歷可充分證明，他是相當政治性的人物。

現在，聯盟日本本部的幹部與創立當初完全不同。許世楷出身於彰化，一九五九年來到日本，從《台灣青年》三號時就加入陣營，同時他也邀請與他同宿舍的宋重陽加入，是相當優秀的人材。六一年九月與十月，有高雄出身的孫明海(周英明)、台北出身的金美齡相繼加入陣營。兩人在互相不知對方是成員的情況下開始交往，結婚後勇敢地成爲公開成員。林啓旭與侯榮邦都是嘉義出身，一九六三年抵達日本，不久就加入成爲秘密成員。一九六四年夏天，因陳純眞特務事件，公開成員幾乎全數被捕，他們二人終於在駐守本部期間被迫暴露身份。我自己發掘的鄭飛龍是出生於日本的台灣留學生，其身份比較特殊。他從四號開始參與編輯，可說是原被視爲「短命雜誌」的《台灣青年》的救星。其他幹部因沒有機會問及，不知其詳。可惜的是，廖建龍從創刊當初就努力協助達十幾年，其後卻因對辜寬敏的情義而脫離組織。

一九五八年冬，黃昭堂帶著美麗而聰明的太太來拜訪我。他說：「老師，她剛畢業於台灣大學，並通過留學考試，終於能夠來到日本，今後請多指教。」

黃昭堂是我許多學生中特別令人注目的一位。

「那很好，想要研究什麼？」

我正著手寫學位論文，所以比較關心其研究題目。

「還沒認眞考慮過。」

「得到碩士學位就要回台灣嗎？」

「終於能夠來到日本，現在只想充分享受自由的空氣。」

聯盟每年會有一、二次的酒宴。酒一入喉，大家自然會胡言亂語。資歷僅次於黃昭堂的老盟員許世楷就曾不客氣地指出：

「黃昭堂！如果你沒有投入《台灣青年》，如今會幹什麼呢？也許會變成無藥可救的花花公子吧！」

黃昭堂一本正經地回答說：

「沒錯，到了日本後，正想大玩特玩，豈知會投入《台灣青年》，眞是可恨！」

許世楷要與家族離別赴日時，不禁流下眼淚，令父母覺得不可思議。留學生利用暑假返台者不在少數，但是許世楷暗中已決定到日本後要參與獨立運動，他本來想要與「臨時政府」接觸，曾打電話給廖文毅，卻被婉拒會面。由此可見，在意識上，許世楷比黃昭堂更明確。侯榮邦在台灣已閱讀過《台灣青年》，當時就有台獨的思想與理念，所以他對兄弟說，家產的繼承不必登記他的份，讓他們感到驚訝。

黃昭堂第二次或第三次到我家作客時，我試問他：

「討厭國民黨政府也討厭中共，以後怎麼辦呢？以留學生的身份，不可能居留日本多年的，日本絕不是『久居』之地。」

聰明的他立刻感到問題的嚴重性。其時，留學日本後再渡歐美的人爲數不少。

在其下次來訪時，我首次打開眞正的心窗言道：

「依我的想法，台灣人除獨立以外，沒有出路。即使去歐美，究竟也只不過是借宿而已。獨立不但是台灣人全體的幸福，也是對得起自己的良心之道。假使你也認爲如此，我們一起來從事獨立運動吧！」

堅持自信與信念

當時（一九六〇年八月），我流亡日本已經十一年。從最初重新進入東京大學，完成最後的舊制學部課程後，再修畢新制研究所博士課程，兩年前開始在明治大學當兼任講師。

在東京大學的十年間，我在研究室徹底研讀有關現代中國的書，所以有關中國的知識，我自信比任何台灣人更透徹。

我也仔細觀察爲「建設社會主義祖國」而回歸的在日台僑的命運。我閱讀過許宮《人民服的世界》（一九五六年八月出版，鏡浦書房），我的預測是正確的。他們在登陸「祖國」之後，立刻被以懷疑的眼神問道：「你是台灣人，來這裡幹什麼？」他很冷靜地描寫在宿舍或任職場所被差別待遇的台灣人，是一部現地採訪報告的佳作。如果台灣人不能從其中引以爲鑑，就只能怪自己愚笨了。

對我造成衝擊的是在一九五七年的反右派鬥爭。其時，創立台灣共產黨、也是「台灣民主自治同盟」主席的謝雪紅竟以「地方民族主義者」的罪名遭受整肅。連不折不扣的共產主義者謝雪紅也不能被接納，那麼對台灣人來說，中共簡直是無法理解的異邦了。

另一方面，我比任何留學生都更能瞭解廖文毅與其「臨時政府」的實態。我在香港等待偷渡赴日時，曾經在廖文毅的公寓打擾過一個月。這是透過當時擔任廖文毅秘書的邱永漢安排的，我也因此意外認識廖文毅之兄廖文奎與簡文介。

廖文毅對我很親切，老實說，我個人對他並沒有不好的印象。他在分析台灣前途後，曾經邀我說：「你想不想加入組織？」因我偷渡日本能否成功尚在未定之天，只好婉轉加以拒絕。

比我慢一步抵達日本的廖文毅立即組織台灣民主獨立黨（一九五〇年），其後更成立「台灣共和國臨時政府」（一九五六年）。他或許已忘記我的存在，而我也因學業忙碌，無暇顧及其他。不過，之後每逢二二八或九一的「臨時政府」成立紀念日，如被招待，我都會歡喜地出席，如被邀請，我也樂於講演。

經過再三的觀察，我已大致洞悉「臨時政府」的實態。黃介一有趣地批判「臨時政府」說：「他們是一位總統，二十四位議員，八位閣員，一位國民。」這是諷刺「臨時政府」徒有形式卻欠缺實質與基礎。可是，我與黃介一不同，我實在不想自認「臨時政府」的國民。

廖文毅對我的看法如何呢？有一次在「臨時政府」舉行的講演會中，我講到台灣話的話題時，他很滿足地說：「好吧！你能否接受文化情報部部長職位？」使得周邊的人感到驚訝。所謂文化情報部部長，就是教育部長。一個明治大學的講師突然被提拔爲教育部長!?我在戒愼恐懼與感激之餘，不禁對他將如何處理激烈的派閥鬥爭感到憂心。

我曾聽過廖文毅依據捐款多寡與個人好惡而授與官位的傳聞。沒有任何權益的虛空官位，卻有許多部屬激烈爭取著。因爲組成份子複雜，甚至分爲獨立黨、民政黨、自由黨，又有大言不慚說「廖文毅是猿猴，而我是猿猴的調教師」的簡文介與反簡文介勢力的對立，從而形成複雜的派閥。純眞的青年一旦被捲入漩渦，勢將遭受損傷。對此，我心中相當清楚。

越是接觸，我越加深「獨立運動絕不可寄託在這些人身上」的不信任感。因爲一旦如此，即使可以成功的獨立運動，也會因內鬥而破功。因此，我對另謀途徑的迫切感與日俱增。

個人短短的一生中，到底有幾次機會能眞實感受「生命的燃燒」呢？創立《台灣青年》而步入獨立運動時，我的確感到了生命的燃燒。少年時代讀《布魯達克英雄傳》，其中「凱撒渡過魯賓康(Rubicon)河」的一句話，在我的腦海裡徘徊著。「已經不能後退了。我的人生已經決定了。」所以，我若不能達成獨立，絕不回台灣，雖然我留在台灣的財產可能被沒收，也可能造成父母兄弟的困擾，但我的心意已決。如果妻子問我，她與獨立運動孰重？我會回答：當然是獨立運動。

於是，我前去拜訪恩師倉石武四郎先生，告訴他，我已下定決心要從事獨立運動了。先生嘆息地說：「真的嗎？站在你的立場，也許是理所當然，但是要做的話，就必須負責到底。」

此外，關於編輯雜誌的要領，我去請教主任教授小野忍先生。他說：「那種事情，問題就大了，至少要確保三期份的原稿，否則辦起來就會心虛。」

另一方面，我巡迴訪問所有認識的台灣企業家，懇請他們繼續提供資金援助，以確保一年份的最低資金。他們對我從今發起的獨立運動到底能有多少理解，實在令人有些不安。不過大家的確對「臨時政府」抱有不信任感，所以才異口同聲地說：「王先生要做的事，應該沒有問題吧！」

終於到了編輯雜誌的階段。我每期一定提早完成自己的稿子，對年輕人的來稿也全部過目與修改，程度較低的稿子，則不客氣地拒絕採用。

或許有人會因稿子被拒用或被修改而對我不滿，可是我不會介意。相反的，像黃昭堂卻說：「請大加修改，這樣才有學習的機會。」

我有一個信念。像廖文毅一直將「特派員(tokuhain)」說成toppain，將「賜物(tamamono)」說成tamawarimono，其周圍似乎沒有人加以訂正，使人懷疑其組織的知識水準有問題。若想使知識階級的日本人成爲讀者，並在以日本爲戰場的宣傳戰中戰勝國府與中共，主義、主張固然重要，高格調的文章也很重要。同時，這可使內容具有足夠的份量。就日本語來說，我也自信勝過任何在日本的台灣人。

我認眞聽取別人對雜誌的批評與意見。翻開昔日的日記，迄今還感到驚訝的是：每期雜誌的發行，除運送到郵局寄發之外，也於同日或翌日以皮包裝滿雜誌，巡迴送到新宿（紀伊國屋）——四谷（台僑）——新橋（台僑）——有樂町（朝日、每日、讀賣三新聞社的論說委員及外國通信部）——神保町（內山、極東、大安、山本四家書店）。可見當時的精力是何等的旺盛。此點，與其說是爲了節省郵費，倒不如說是爲了想兼做市場調查。若能與本人會面，就坐下來聽聽他的批評與意見，並懇求繼續支援，可說潛在著多種目的（參照〈創刊當時的故事〉）。

輿論一隅

《台灣青年》在發行第二號（一九六〇年六月二五日）時就引起輿論的關注。針對同年四月末發生的韓國學生革命，我們在社論中寫道：「他是學生，我也是學生。」再添上章漫龜（我的筆名）〈看台灣的新聞如何論韓國的動亂〉一文，因而被《思想的科學》十一月號於「日本的地下水」欄詳細介紹。在此時點，我們被視爲「進步的」勢力。

六〇年代初期，日本的輿論界還有主體性，對台灣的未來也寄與高度關心，所以有時會傾聽台灣人的心聲。茲從資料簿中摘取若干事項以供參考——

一九六一年(昭和三十六年)四月十日，尾崎秀樹在日本《讀賣新聞》以大約一千六百字詳細介紹「第三的獨立自治之道，《台灣青年》誌傳出二二八台灣起義事件的眞相」。

同年五月十九日，《東京新聞》的「大波小波」以「中野重治與台灣」爲題，刊載如下文句：「以台灣留學生爲對象所刊行的《台灣青年》七號中，登載有〈中野重治與谷正綱〉的短篇文章。筆者爲鐵齒(註：鄭飛龍)，這無疑將是讓日語大專家中野大爲慌張的有趣短評。文中引用中野在《新潮》五月號所寫的〈外國與外國人〉一節，嚴加指責沒有基礎知識卻信口開河大言台灣問題的知識人態度……。」

後來，中野重治爲自己的「無知與輕浮」道歉(請參照《台灣青年》第八號，一九六一年六月二十日)。

同年二月十九日，日本《讀賣新聞》的「資料欄」以《台灣青年》爲標題，有如下的文句：「第十四號刊有孫明海的小說〈烏水溝〉。所謂烏水溝，是台灣海峽的舊稱，小說寫的是一九五〇年代，四位年輕人入伍國府軍後，對極權主義式的洗腦表示反彈的故事。……」

同年三月十一日，在《讀賣新聞》的「論壇時評」中，田中美智太郎表示：「在《世界》雜誌看到『一個獨立運動者的主張』(王育德)的文章。這種議論不出現在一般的新聞雜誌，反而出現在強烈左翼傾向的出版物，實在令人感到奇妙。直接從台灣人聽其種種不同的主張，以瞭解台灣的現實以及共產黨的台灣政策，這對我們來說，實有其必要性。」

田中美智太郎是《台灣青年》創刊以來的忠實讀者。由投稿結緣而認識《世界》雜誌編輯部的安江良介（現任總編輯）、綠川亨（現任岩波書店社長），但對運動卻未產生效用。

同年三月十九日，日本《讀賣新聞》刊載「漩渦中的台灣」特別報導，其論調雖傾向中共，卻也對獨立運動陣營加以分析，將我與《台灣青年》、廖文毅與「臨時政府」並列介紹。

同年九月十一日，《朝日新聞》的「季節風」中，以「國民黨政府的華僑對策」為題，刊載如下：

「月刊《台灣青年》以『瀕臨破產的台灣教育』為題連載論文。其第五回〈毫無成效的僑生問題〉（二五號），嚴格批判中共與國民黨政府的華僑對策，作者是王育德。……」

大約用了七百字來介紹我們，最後更宣傳「《台灣青年》地址為東京都豐島區千早町二—三五。台灣青年社發行。一本百圓」。

同年十月九日，《朝日新聞》在「昨今」欄中，由平林泰子以「兩個中國」為題表示：

「我支持兩個中國論。……依據時常送來的《台灣青年》雜誌，我知道台灣也相當受到壓制。台灣人與戰後移住台灣的中國人之間形成隔閡，被壓迫的台灣人似乎存有不滿。這一點雖然不像中共那麼兇惡，但也可說是一種獨裁國家。」

一九六四年二月二十二日，當我在日本文化團體研討會講演時，這位平林泰子擔任主持人。在一九六七年八月發生「張榮魁、林啓旭強制遣返事件」時，她又帶頭發起成立「台灣青年人權保護會」。

同年十二月十八日，在《讀賣新聞》的「論壇時評」中，田中美智太郎在〈中立主義諸論文〉一文中，與《世界》的都留重人、《中央公論》的高坂正堯和《自由》的太平善梧氏的論文並列。「另一個中立的議論，應注意《台灣青年》十二月號（第二十四號）的〈我們應該站在自由陣營〉（高見信）的發言，在此奉勸關心者一讀。其主要內容爲：『觀諸亞洲的中立主義諸國，都是因爲內部的政情不安定而採取中立主義政策，但也因爲採取中立主義政策，內部的政情更不能安定，從而形成惡性循環。』對此吾人可觀察具體的事例。……」

高見信（許世楷）的論文很清楚地指出，日本不應被和平憲法束縛。

一九六三年十月七日，《每日新聞》的「休憩」欄中，以「酒菸降價」爲題表示：「很遺憾地，這是台灣的話題。依據雜誌《台灣青年》所載（三四號〈台灣，今日與明日〉），台灣的菸酒將在八月九日降價。……但由於對先前的數度漲價感到憤怒的台灣人民一起力行節約，因此菸酒銷售停滯，預定增收的盈餘反而大爲減少，政府在慌張之餘，終於妥協降價。……」

同年十月十五日號的《台灣協會報》刊載小林亞夫〈人國記・台灣文筆與畫〉一文，將邱永漢、謝國權、陳舜臣與我四人並列。他說：「從數年前起，《台灣青年》這份月刊雜誌就經常成爲話題。因爲主張台灣獨立與民主，考慮到政治因素而有所掩飾，但最近，主要人物終於堂堂公開了，那就是王育德先生。……而其人生哲學恰與其同學邱永漢形成對比。高中時代，邱氏不與台灣人交友，充分展現其日本人意識。但王先生卻是孤獨的台灣人。……」

附帶說明，小林亞夫是現任協和信用組合理事長松本一男的筆名，對在日台僑的理解無出其右者。

一九六四年三月一日號的《朝日藝能》，以「在日台灣人的獨立運動白熱化——三個團體同時舉行決起大會」爲題，有如下的記述：

「以法國承認中國爲契機，在東京從事『台灣獨立』運動的團體最近突然活躍。其一爲以神宮外苑附近的東京・新宿區南元町爲本部的『台灣青年會』＝委員長黃昭堂領導的團體，已從數年前就爲『祖國台灣的獨立』而發行機關誌《台灣青年》，並務實地繼續進行擴大組織，爭取在日支持者……。尤其該會的機關誌《台灣青年》，是一份使用日語、約達百頁的正式出版物，主導者是王育德先生（明治大學講師）。……王氏對台灣獨立付出的熱情，實難以文字形容，每期《台灣青年》都揭載著台灣青年的熱血文章。這本《台灣青年》廣泛地送達言論界、政界、學界等，對宣揚台灣獨立，發揮了相當的效果。另一方面，與『台灣青年會』同以台灣獨立爲目的而採取不同行動的團體有『台灣共和國』＝廖文毅『大統領』（五四歲）。……」

附帶一提，在我退任之後，「台灣青年會」的事務所遷移到新宿區南元町，由黃昭堂擔任委員長。

這一年的一月十日，我的著作《台灣—苦悶的歷史》由弘文堂出版，引起很大的迴響。這本有關台灣歷史的著書，是從一九六二年一月開始構思，執筆共費時約二年。在此期間，我同時也要編輯雜誌，眞不知是哪來的精力，連我自己都不禁感到驚奇。

隨著被媒體的廣泛介紹，《台灣青年》的權威日增，成員的鬥志高揚，組織迅速擴大。

陳純眞審問事件

在六〇年代後半，獨立聯盟日本本部歷經三次嚴格的試煉。第一次是一九六四年七月的陳純眞審問事件，第二次是一九六七年八月的林啓旭、張榮魁強制遣返事件，第三次是一九六八年三月的柳文卿強制遣返事件。

陳純眞審問事件有聯盟同志自作禍端的一面，但另二次則是日本政府發動的攻擊，這對自認爲很瞭解日本的我們，無異是冷水澆頭的打擊。原來，敵人不只蔣介石政權與中國，另外尙有日本政府這支伏兵。

我們不斷遭受日本政府的嚴格監視，有時甚至成爲日本政府與蔣介石政權或中國之間政治交易的犧牲品，因此行動受到很大的限制。

日本政府這種態度超乎我的想像空間，證明我們的宣傳啓蒙活動在日本政府的外交利益上十分脆弱。於是，創始於日本的獨立運動，遂不得不在七〇年代初期將總本部遷移到美國。

陳純眞審問事件是因成員陳純眞（彰化出身，當時二八歲）被懷疑擔任國府大使館的特務，乃於一九六四年七月召開審問委員會加以審問，面對陳某傲慢無恥的態度，委員戴天昭一時氣憤而用水果刀刺其肩部的偶發事件。

陳某傷勢輕微，經醫院療傷後，組織成員繼續審問，陳某最後終於承認是國府特務的事實，並寫下悔過書。

但是陳某後來受大使館唆使，向日本法院提出告訴，因此導致同年七月二十三日早上，黃昭堂委員長以下，許世楷、廖春榮、宋重陽、戴天昭、柳文卿、王天德七人被逮捕的事件。同年八月十七日，成員全部獲得保釋。翌年七月九日，東京地方法院以「傷害、監禁、妨礙自由」罪，判處各人八個月到二年的徒刑，但全部緩刑三年。

關於審問一事，在我當負責人時，亦曾因黃永純與蔡季霖兩人違反規律而舉行過，唯事關本人名譽與成員士氣，所以，除非確實掌握「罪狀」，否則不輕易進行。

審問要事先發出通知，當事人也要準備出席，輕微者加以申誡，重大者則秘密除名或公開除名，因此不致觸犯「監禁」與「妨礙自由」的問題。

陳某是在一九六二年十月加入爲秘密成員，因其較乏膽氣，故在一九六三年秋受國府大使館文化參事余承業威脅，之後即為其提供內部情報，這實是始料未及的惡質行為。

由於七名主要成員被捕，同時，包括事務所等在內的十一處自宅也被搜查，七月二十三日的晚報大幅報導，電視也以頭條新聞播出。全部都以「集體私刑」及誇大其詞的筆法描寫，媒體的處理方法幾乎將我們視同黑道集團。

這樣的報導頗傷害組織的形象。此次，國府大使館的陰謀達到雙重效果，他們一定相當得意吧！其後，事務所被迫遷出原址（屋主因自己要使用，所以介紹轉租新宿區富久町的萬年大樓，即現在日本本部事務所所在地），黃昭堂等二、三人也因流言困擾而搬到其他公寓。不過，也有像蒲田吳莫卿醫師等的支持者，反而認為有能力對特務加以私刑的組織，一定是眞材實料的強固團體，因此開始更加親近組織，不但定期捐贈大筆金額，而且表示希望加入組織。但是財政困難仍是問題，因而成為邀請辜寬敏加入陣容的主要原因。後來《台灣靑年》幾乎被媒體忽視，可能是受到此一事件的影響。

但是他們在拘留期間表現良好，而沒被逮捕的成員也自動協助堅守崗位。與我會面的台僑雖然認為那是「無意義的行為」，但內心卻相當同情。登載的照片是，八月二十五日為了慶祝他們保釋以及感謝為該事件奔走的律師與指導教授，而在新宿・東京大飯店宴會時的紀念照片，餐費五萬圓是已故林以文先生所捐獻。

林啟旭‧張榮魁強制遣返事件

林啓旭‧張榮魁強制遣返事件發生於一九六七年八月二十五日。兩人被強制收押後，因行政訴訟及輿論的支援，在九日後的九月二日獲得釋放。事件發生當時，林啓旭、張榮魁分別爲明治大學法學研究所碩士課程與國立音樂大學畢業後大約經過一年半，分別擔任聯盟的財務部長與總務部長。兩人都在學業完成後，因護照期限終了而向入國管理局申請特別居留資格。他們在取得法務大臣許可之前，向入國管理局繳納保證金而暫時居留。

我也曾有短期居留的經驗，即每月向入國管理局報到，重新申請居留期限，或被指定住居的地域。若要離開東京，須於事前得到許可，很不自由。同時，如有違反，立即被取消居留而加以收押。

兩人在八月十四日被取消暫時居留，並於二十五日上午被入國管理局拘留。拘留可說是強制遣返的前置作業。實際上，半年後柳文卿即因此犧牲，而在此之前的三月三日，亦有曾在台灣從事反政府運動的呂傳信（當時三十一歲），因擔心被強制遣返而在橫濱拘留所上吊自殺。

呂傳信當時孤立無援，但林、張兩人則有聯盟爲後盾。對組織成員來說，遣返台灣即意味著死亡，故寧願死在東京較有意義。但像呂傳信在沒人知悉的情形下，自己了斷生命，日本政府即能以偶發事故輕易處理。因此，二人決定以絕食抗議日本政府，若抗議不被接受，即使餓死也事非得已。但聯盟並非只讓兩人犧牲，其他成員亦在外面計劃以絕食支援。當我們徵召絕食支援者時，幾乎所有幹部皆表示自願參加，故由計劃負責人從中挑選八人參與絕食支援，並向法院提出行政訴訟，此外更廣泛訴諸輿論。

內外呼應的絕食抗議持續八天之久，宣傳效果相當大，翌日的新聞無不兼載照片，大幅報導該事件。兩人的大學、研究所時代的指導教授均奮起救援，許多文化界與政治家也表示同情，有的提出訴願書，有的向新聞或雜誌投稿控訴。

「林啓旭、張榮魁兩君人權保護會」成員有宮崎繁樹、向山寛夫、岡田九郎、横田孝、波多野靖祐、矢田部勁吉、服部公一、神川彥松、務台理作、日高六郎、日高八郎、高橋三郎、大平善悟、久野收、田中直吉、武藤光朗、加藤寛(以上為大學教授)、阿川弘之、平林泰子、大宅壯一、開高健、小田實、三宅艷子、奧野健男、林上薰(以上為作家)、水野清、武藤嘉文、綱島正興、田中六助、岡崎英城、進藤一馬(以上為政治家)、朝比奈宗源(僧侶)。我們由此認爲，這是政界、學界、文化界的名人對《台灣青年》的評價，應該不算過言吧！

行政訴訟是向法務大臣要求撤消強制遣返的行政處分，以及要求停止執行強制遣返令。

八月三十一日，東京地方法院民事第二部的杉本良吉庭長認爲，在判決確定之前，若將兩人強制遣返，將造成「回復困難之損害」，故命令停止執行強制遣返令。

結果，兩人在比預期更短的期間內即獲得釋放。在要求政治亡命者居留許可的訴訟過程中，我也曾經以證人身份出庭，但由於被告的日本政府持續抗告，使得本件直到一九七二年九月一日，才由日本政府以許可特別居留為條件而和解。

此事件發生的背景，是隨著日韓條約締結，決定在日韓國人的法律地位後，對於未獲得永住權的韓國人，在其居留期限終止時採取遣返的方針，而該方針也準用於台灣人。入國管理局內部對台灣問題認識不深的幹部為迎合親蔣的佐藤內閣，故對獨立運動者施壓，以討好佐藤內閣。此外，獨立運動陣營中，廖文毅與「副大統領」吳振南等相繼投降，使台獨團體的信用大失，導致入國管理局誤認為聯盟容易對付。

另外，此事件帶給聯盟兩種作用。其一是辜寬敏因指揮得宜，因此獲得盟員的信賴。另一為陳純眞審問事件以來，大家深感留學生身份不安定，並瞭解到沒有社會地位是何等的不利，因此大家決定在推行運動中，抽出時間開始執筆學位論文，終於在一九六八年前後相繼獲得博士學位。以一九六七年廖建龍的農學博士為首，相繼有周英明的工學博士、許世楷的法學博士、黃昭堂的社會學博士、我的文學博士、戴天昭的政治學博士，可說是陣容相當壯觀。

取得學位原本即是他們出國留學的主要目的，但其後因為從事獨立運動而鬆懈學業，現在卻又為了從事獨立運動而不得不爭取學位，其意志之旺盛，實非一般留學生所能相提並論。文法科系的四個人分別以「在台灣統治確立過程的抗日運動」、「台灣民主國的研究」、「閩音系研究」、「台灣國際政治史研究」爲題，共同以愛國的熱情在學問上結晶，實在值得吟詠。

具有日本學位雖不如在美國那麼有利，但只要在大學取得兼任講師的地位，就可令入國管理局與警察另眼相看，並有利於申請特別居留資格。同時，經歷幾年兼任講師之後，也有成爲專任的可能。這樣一來，社會地位得以確立，生活也得以安定。生活安定特別重要，除了能夠封殺特務的收買之外，也有助於長期的鬥爭。

柳文卿強制遣返事件

半年後發生的柳文卿強制遣返事件，可視爲入國管理局因林啓旭、張榮魁強制拘留事件顏面盡失所採取的報復措施。

在前一年的九月三日，聯盟召集其他獨立運動者舉行林、張事件報告會，會中得意地說明：居留問題不要像過去在背後藉人際關係解決，而應由正面堂堂處理才對。當時我也出席報告會，頓時感到此種想法十分危險，不料此一不吉利的預感卻成爲事實。

入國管理局選擇柳文卿爲犧牲者，其理由也許是他尚單身，且沒有固定的職業，也沒有強有力的後盾靠山。事實上，柳文卿已秘密與日本女友同居多年，並共同經營拉麵店，此事連聯盟也不知悉。

柳文卿於一九六二年十一月到日本，翌年四月進入東京教育大學體育研究所碩士課程，同時加入聯盟爲秘密盟員。一九六七年三月，他碩士課程畢業後，由於護照期限到期，乃以暫時居留身份從事獨立運動，其情形與林、張兩人完全相同。

一九六八年三月二十六日下午四時，他爲申請延長暫時居留而到入國管理局，突然被告知其申請已被駁回，並立即將他強制拘留。當時林、張事件還在訴訟中，故此一突如其來的強制拘留，使聯盟感到非常憂慮與不安。

辜寬敏委員長當夜即拜託「林、張兩君人權保護會」會員水野清衆議員，請他打電話給中川局長，得知「已決定於明天上午九點半搭乘中華航空強制遣返，申請停止執行，在時間上已經不可能。」

聯盟徹夜召開幹部會議，決定採取軟硬同時作戰的策略。「軟」的方面，即在二十七日早上立即向東京地方法院提出行政訴訟，申請停止執行強制遣返，同時懇請「林、張兩君人權保護會」會員立即發起行動。

「硬」的方面，即出動三輛轎車，分別在東京拘留所與橫濱拘留所埋伏，衝撞載赴機場護送車輛，製造交通事故，以爭取向法院申請執行停止命令的時間。入國管理局方面也相當高明，早在二十六日夜間就將柳文卿暗中從東京拘留所移送到橫濱拘留所，並於當天黎明，捨高速道路而迂迴進入羽田機場。

依事先設定埋伏失敗的補救辦法，聯盟將有十個人在羽田機場待機應變，以奪回柳文卿。當他們發見柳文卿從護送車下來，開始移送到飛機的瞬間，一起從數公尺高的迎送台跳下，朝向柳文卿奔跑，並立刻與警備人員互毆，十個人團團圍住柳文卿，由黃昭堂、高齊榮、郭嘉熙三人在地上抱住柳文卿不放，其他人重疊壓在三人上面。此時，黃昭堂叫柳「咬舌頭」，是為拖延時間，以便完成訴訟手續，所以希望柳文卿咬舌流血，期待警備人員會將柳文卿送到醫院救治。柳文卿依照指示忍痛咬舌，鮮血從口中流到臉頰、脖上。郭嘉熙則喊：「叫救護車、救護車！」可是，受過專業訓練的機動隊立即趕到現場，不到幾分鐘就將十個人制服，柳文卿立刻被拖入機內。據說機內已有幾個國府特務正在等待。

在這次羽田機場事件中，黃昭堂、宋重陽、林啓旭、侯榮邦、戴天昭、吳進義、張國興、郭嘉熙、高齊榮、傅金泉十個人以侵入機場、妨害公務罪嫌被逮捕，但審判庭駁回檢察官延長拘留的申請，而於四十八小時後獲得釋放。最後有兩人以違反航空法、妨害公務遭到起訴，但獲判緩刑，其他八人則不起訴，可說是極輕微的處分。

柳文卿強制遣返事件，尤其是在羽田機場企圖奪回同志而發生暴力衝突一事，被新聞媒體以現場照片大幅報導，因而發展為政治問題。此事引起衆議院法務委員會與參議院預算委員會的緊急質詢，入國管理局中川局長也以證人身份被要求出席國會備詢，因而又由中川局長口中獲知了令人震驚的事實。

亦即一九六七年八月，中川局長與田中伊三次法務大臣訪問台灣之際，蔣介石政權同意接受遣返被拘留在日本的近三百名(包括麻藥犯罪者在內)不法居留者，但秘密約定須以遣返在日本的台灣獨立運動者(據說是每三十人對獨立運動者一人的比例)為「交換條件」。

羽田機場事件之所以不了了之，也許是因為如此惡質的侵害人權行為在國會被追究，使日本政府因而失去立場所致。

的確，聯盟奪回柳文卿計劃失敗，使此事件對一般留學生造成很大的衝擊，爾後聯盟要吸收新盟員較為困難，自不待言。同時，辜寬敏平常大言不慚要「行使實力」，但事到臨頭，卻未能率先垂範，以身作則，使盟員對他失去信賴感。

柳文卿被強制遣返之後，受到調查局長久的嚴苛審問，但似乎還不至於造成嚴重的後果。蔣介石政權刻意以此來宣傳國府的寬大，其實是由於在日本、美國、歐洲引起國際輿論的關注與譴責，才使柳文卿的生命獲得保障。至於「回復原狀」的訴訟，最後則順應柳夫人之意而撤回。

三人三種投降方式

當我一九七七年夏天到美國各地旅行演說之際，常在演講後被質疑道：「日本方面是不是會陸續出現廖文毅、辜寬敏、邱永漢等投降者」，這問題使我感到相當鬱卒。

「關於這事，首先，廖文毅與聯盟無關；邱永漢也並非蔣介石政權所宣傳的獨立運動者，他其實只是普通的生意人而已；而辜寬敏是愛出鋒頭所致，聯盟當然也無可卸責。」

雖然我如此回應，但內心卻憤慨不已。

老實說，獨立運動實在拖延太久了，任誰也難以忍受「過長的冬天」，因而會陸續出現投降者與脫隊者，其最大的原因在於生活發生問題。要在日本生活並不容易，即使認真打拚，情勢也一向不太好轉，所以會出現倦怠，也會令人覺得愚蠢。

但在此階段，縱使脫隊也不至於投降。會投降的人是被特務釘上，以台灣的父母兄弟很想相會、回去有恩賞云云，從而加以誘惑或脅迫，終於失去抵抗力。

脫隊者多少還可以原諒，投降者則會被蔣介石政權利用做為反面宣傳，使獨立運動失去信用，使台灣人的意志沮喪，因此絕對不能原諒。上述三人被視為投降者的代表人物。三個人各有其不同的情形，我也某種程度地略知各人處境，藉此機會加以記述。

對我的攏絡與打擊

無論怎麼說，三人之中以廖文毅的罪狀最大。他在一九六五年五月十四日返台投降，其後遺症既重大又長久，使海外獨立運動直至最近兩、三年，才因島內情勢發展而恢復信譽。

在獨立運動的知名度上，沒有人比廖文毅更高了，他一直是獨立運動的象徵。他投降之後，我在某社交場合見到評論家高木建夫。當我趨前問候：「我正在從事台灣獨立運動，敬請支援……」

話猶未完，他即表示：

「你們台灣人在搞什麼鬼，眞是不能信任！身爲『總統』也會投降，眞是不可思議。」

在被怒責之後，我正想以「事情不是這樣，他跟我們的組織不同」來辯解時，他已快步走開。

蔣介石政權在廖文毅投降時，對外宣佈海外獨立運動已完全被消滅。台灣有諺語說：「頭頂被放糞」，而爲了要洗刷這些穢物，我們是何等的恥辱與淒慘。

我對美國的台灣人說，廖文毅的投降與聯盟無關，但實際上也不能說完全無關，因爲廖文毅與「臨時政府」的沒落或許是以「台灣青年社」的出現爲契機。也許他對此亦有所察知，最初他有意攏絡我，但當他知道不可能時，則進一步想要打擊我。

一九六〇年一月，簡文介策劃成立「台灣獨立統一戰線」，我被推爲政策委員長。「統一戰線」以廖文毅爲總裁，其下設最高委員會，由五名最高委員中任命執行委員長（簡文介）、總務委員長（吳振南）、政策委員長，可說是相當重要的職位。我立刻知道，這是簡文介從自民黨的「三役」得到的啓示，可是，「統一戰線」所「統一」的，只有我一個人。我強迫他們要明確表示「統一戰線」與「臨時政府」的關係，但是一直不得要領。結果，「統一戰線」有名無實，沒有完成任何一項工作。

或許這是要把我拴在虛職的陰謀。我承諾接受政策委員長的職位，是為了證明我有誠意與他們合作，但另一方面，我也踏實地進行創立台灣青年社的籌備工作。

《台灣青年》發行後博得佳評，然而廖文毅卻向人偽稱「那是我們的青年部」。在其背後，簡文介則慫恿首任總編輯黃永純、第二任總編輯蔡季霖與我作對，企圖使組織內部崩潰。

台灣青年社從籌備階段就為年輕成員對「臨時政府」的留戀或惜情而苦惱。我接受「統一戰線」的政策委員長職位，也有撫慰他們的意味，但黃永純似乎對《台灣青年》的前途抱有不安的心理。其後，自由黨（黨魁：張春興）的機關誌《自由台灣》邀他擔任總編輯，他終於被誘惑而投向「臨時政府」了。

若要如此，只要事前言明，我們也不會強留，但他卻「遺失」關於二二八的重要文獻，並「丟掉」二百本將在關西分發的「二二八特集號」，且未被允許即自行加入自由黨，因此經查問之後被秘密開除。他擔任《自由台灣》的總編輯後不久，自由黨即因內部紛爭，《自由台灣》也僅發行二、三期就停刊了。

蔡季霖比黃永純更有才能，從第二號（一九六〇年六月二十五日）至第八號（一九六一年六月二十日）連載六期而博得佳評的〈馬祖從軍記〉即是他的創作。同時，到第八號為止的出刊，可以說都是他的苦心之作。

蔡季霖離開台灣青年社的主要原因，似乎是因爲我大幅修改他的原稿，使他感到「好像靈魂被踐踏」的強烈不滿，最後因其故意怠工，不得不忍痛割愛。

他被秘密開除後，並未加入「臨時政府」，而是經由簡文介推薦，擔任邱永漢的秘書。可惜的是，黃永純、蔡季霖兩人都隨其頭家返台投降了。

精神的崩潰與經濟的困窮

直到廖文毅投降爲止，聯盟都未曾對廖文毅有所批判，僅在《台灣青年》第二六號受託刊登過「副總統」吳振南的〈身爲獨立運動者走過的路〉。

這是吳振南與他所領導的台灣民主獨立黨對廖文毅的絕緣書，他引用莊要傳（前《朝日新聞》記者，一九四九年病歿）的話，說其人品是「膨風」、不誠實、傲慢和拜金主義，痛批廖文毅與其核心幕僚。此文被機關誌《台灣民報》所拒，不得不借《台灣青年》告發其內部情形，我們不禁同情吳振南的立場。

但是，吳振南也於一九六五年末因腦出血病倒，在靜養治療期間，他被特務說服與引誘，於翌年十月二十八日以半身不遂的慘痛姿態投降。投降前的八月十三日，我與李伯仁等民主獨立黨員數人到其位於湘南的自宅探病，當時有一個奇怪的男人蔡某也在場。我頓時嗅到惡徒的氣味，因而很不客氣地直言忠告他，但結果還是無濟於事。

廖文毅之所以會投降，是由於精神崩潰與經濟困窮兩個原因，兩者具有互動的關係。

據推測，廖文毅組織「臨時政府」時，或許期待能如韓國的李承晚，由美國用軍機將他載回松山機場，這也符合他的「膨風」性格或簡文介的國師性格。

爲此，他苦心塑造形象——夾鼻眼鏡、抽雪茄、不隨便與人會面，並一面著作《台灣民本主義》（有可能是簡文介代作），以期做爲獨立運動的聖典。他留學美國，夫人也是美國人，所以英語很好，這對英語不太熟稔的日本人來說，有被當成偉人的效果。但我對《台灣民本主義》中的台灣歷史部分，認爲過於荒唐無稽而無法忍受，這也是我寫《台灣—苦悶的歷史》的動機之一。

他的做法是：只要具備體制，什麼內容都好。他將台灣的行政區劃爲二十四縣市，所以「國民議會」的議員需要二十四人。雖勉強湊足了人數，但一九五〇年代並沒有那麼多優秀的同志，結果其成員中，程度惡劣者也大言不慚，這些非常識的舉止，終於受到台僑的惡評。

廖文毅沒有操控派閥抗爭的力量，因此只要不挑戰「總統」職位，他就放任成員自由發揮。但是因爲台灣青年社的出現，良識派開始抱有危機感，結果在一九六二年七月發生由「國民議會」主導的「總統罷免案」。「罷免案」雖以極小差距被否決，但是吳振南與民主獨立黨於翌年初退出後，「臨時政府」事實上已經崩潰。其後雖有黃介一等參加，企圖重建「臨時政府」，但是廖文毅本身已完全失去鬥志。

這種「臨時政府」的醜態，令在日本的支援者感到厭煩乃至唾棄（聽說因男女關係而使某支援者激怒），且部下的捐款減少，連個人的生活也陷入困境。或許此時，他不禁想到留在台灣的幾百甲田地，也思慕起九十歲高齡的年老母親吧。

廖文毅曾對簡文介吐露實情。簡文介認爲，既然已經無法阻止，乾脆反過來鼓吹返台的積極意義，此即簡文介者流的「投降理論」。

當廖文毅投降的消息在報章雜誌熱鬧報導之際，我被簡文介邀約面談，他無論如何也要我理解。他說：「獨立運動者長期以來叫喊游擊戰、敵前登陸，那是因爲大家都知道台灣本土才是實際的戰場。如今這就是既不需要金錢，也不需要犧牲，卻能堂堂正正回歸台灣的方法。」

「那就是投降！亦即僞裝被敵引誘而投降。昔日，共產黨員使用的手段就是僞裝投降。這當然會被醜化報導，且會被利用做爲宣傳，被同志稱爲叛徒，被台灣人輕蔑，但我們只有忍耐一途，只有像祇園的大石內藏助一樣的心境！」

「批評的風聲不過是短暫的，特務的監視也將會緩和。這樣一來，就能從事組織工作了。等待情勢好轉時毅然崛起，大聲呼喊：『廖文毅在此矣！』像他那麼有人氣的人，相信會很快集結幾萬、幾十萬的台灣人。」

「因此，這齣戲的最後一幕尚未結束！」

那時置廖文毅於不顧，使其單獨一人返台的簡文介也於一九七一年十月九日投降。我終於發覺他的「投降理論」原來是爲自己準備的。

他的支持者，日本人T氏打電話給我說：「他很希望王先生能相信他的想法。」令人驚訝的是，他大約十日後就回到日本，從此頻繁地往返日本與台灣之間。我雖不知其原由，不過我終於知道，他說要沈潛島內的話，完全是虛僞的。

投降者回到日本以後，大多過著隱居的生活，但其中亦有郭幸裕者，還揚言自己並沒有放棄獨立運動云云。

獨立運動是投機嗎？

邱永漢一生的軌跡是：直木賞作家→政治・社會評論家→經濟評論家→「股票之神」→企業家。他爲何會投降?!其實是藉投資台灣之便，在台北的繁華大道陸續建起邱永漢大樓，不出數年即形成邱永漢集團。爲歸化日本，他急著取得脫離「中華民國」國籍的證明書，從去年春天開始即申請歸化，且以異例的速度完成歸化日本手續，並在今年夏天的參議院選舉中，由自民黨推薦出馬競選。

最近，其華麗而刺眼的陸續轉變，使我懷疑他是否具有「投機性的人生觀」?此點是否正確，要問其本人才淸楚，但獨立運動對他來說，只不過是他的一個投機對象而已，此點似乎是明確的。

邱永漢直接接觸獨立運動，僅是一九四八、四九年間在香港的極短時期。當時，廖文毅與謝雪紅共同組織台灣再解放聯盟，並於一九四八年九月一日向聯合國要求暫時託管，及以人民投票決定台灣的獨立。據說他對此事也曾出過力。

一九四九年七月我赴香港時，台灣再解放聯盟已經瓦解，他以廖文毅弟子的身份展現其威勢，但其心中也許已經看不起廖文毅。因此，他在一九五一年移住日本以後，即不再關心廖文毅或「臨時政府」，開始寫起小說（他的處女作《偷渡者手記》是以我為描寫對象的作品）。

雖然如此，他在以政治、社會評論家博得佳評的時期，曾寫下〈不可忘記台灣人〉（《中央公論》、一九五七年七月號）、〈台灣必定會獨立〉（《文藝春秋》、一九六一年五月號）、〈身爲台灣人〉（《東京新聞》、一九六四年三月八日）等作品，對獨立運動的宣傳啓蒙有其貢獻。

他曾向我豪言稱道：「《台灣青年》出版幾十期也敵不過我的一篇文章。」

我反對他的理論，說：「《台灣青年》是堂堂的一個組織，長期不變地主張台灣獨立，自有其意義，不能一概而論。」

部分獨立運動者曾想抬出邱永漢來建立新組織，但結果沒有成功。因爲邱永漢的腦筋超人一等，所以總認爲別人愚笨，不能與他共事。同時，從事獨立運動不但賺不到錢，而且會賠錢，很不合算。

雖然如此，到他投降爲止，我仍前後數次向他募到合計十一萬日幣的捐款。年輕的成員雖再三呼稱「邱老師」「邱老師」地拜託他，也才募到五千元日幣，相較之下，他對我似乎還算有交情。

邱永漢的文章曾經在《台灣青年》登載過兩次。一爲第四九期（一九六四年十二月二十五日）「談台灣獨立」的座談會上，他以來賓身份，與吳振南和我共同出席參加。

還有一篇是第五一期＝台灣青年會五周年紀念會（一九六五年二月二十五日）登載的〈亡命十七年〉。雖然只是短文，卻是很好的一篇散文，「我爲什麼會在一九四八年脫出台灣，無非認爲，若要在國民政府統治下生活，還不如像迷失的猶太人一般」等，描寫得有聲有色，令人感動。

「元老會」

在《台灣青年》第一〇五期（一九六九年八月五日）的「公告」中，日本本部第七屆二十三名中央委員中，竟出現邱永漢、簡文介與我的姓名，一定令很多人感到驚訝吧。

一九六九年的春夏之間，辜寬敏爲鞏固已開始動搖的委員長職位，特別設立所謂的「元老會」。由辜寬敏的好友吳莫卿邀集名古屋的張春興（原「台灣國民議會議長」）、京都的林水（咖啡廳經營者）、邱永漢、簡文介與我，以辜寬敏爲中心，每個月舉行一次集會。其目的是企圖牽制比較年輕的盟員幹部。

年輕的盟員幹部主張，規章中並沒有那種機構，所以要先加入爲盟員，然後再選爲中央委員。這對辜寬敏與吳莫卿是個難題，大家與邱永漢商量的結果，以「不必現在加入組織，但可借用名字」，妥協成立。簡文介在此時期一直跟隨邱永漢，所以也學邱永漢的例子。張春興與林水沒有參加，也許他們希望與聯盟保持一定的距離。

我認爲「元老會」與名譽中央委員兩項，是聯盟二十年歷史的一大污點。

該年三月，我獲得學位，完成大願。四月初，受黃有仁（昭堂）之託與吳莫卿會面。他留著有氣質的鬍鬚，初見面的印象，是一位有趣的人。

「先前大家認爲你正忙於執筆論文，不敢去麻煩你，現在獨立運動已到重大的關頭，不可再袖手旁觀了。」

我被極盡情理地說服。其實我並非袖手旁觀，但六年的空白使我對內部情形不太熟悉。而「元老會」屬於前輩者的集會，可用輕鬆的心情出席，所以我就輕易地承諾參加。但如上所述，因爲我對成員的目的不夠清楚，內心難免迷惑不解。

在此情形下，有數位盟員前來訪問，強烈批判辜寬敏的行事作風，並堅持要我在六月底改選中央委員時登記爲候選人。

無論如何，聯盟是我最初一心一意成立的組織，可以回鍋，但絕對不允許半途而廢，所以我不得不有所覺悟了。

第七屆中央委員會在意見整合不順下進行投票，結果僅以數票之差，由辜寬敏當選連任。在中央委員會席中，據說邱永漢與年輕的中央委員之間有一番激烈的爭論（我因九州學會之旅而缺席）。雖然如此，「元老會」卻在辜寬敏的委員長任內繼續存在，這眞是一件奇妙的事。

邱並不認為是投降

邱永漢是在一九七二年四月二日投降的。但與廖文毅的情形不同，邱永漢的動向在許久之前就有風聲傳出。我也相當憂慮，曾經直接去問他，但他微笑地說沒有那回事。

「沒有的話最好。我也認爲不可能，但你是不是忘記母親所說的話了？」

他即刻呈現困惑的表情：「那種事忘不了。」

他的母親是日本人，是我尊敬的一位很有教養的人。我赴香港之前，曾暗中去訪問她。

我說：

「我要依靠阿炳（邱永漢的本名叫邱炳男）去香港了，計劃再由香港航渡日本，您有什麼事要轉達給阿炳嗎？」

他母親在庭園劈柴，隨即停止工作說：「眞的，王先生也要去嗎？……請你對他說，只要這些豬仔還存在，絕對不要回到台灣來。即使是我死了，也不要回來！」

我由衷地受到感動，雖然這是傳給阿炳的話語，但聽來似乎也是對我的訣別之言。他的投降違背了母親的期待，但或許他認爲，遵循已故者的言語是愚笨的作法吧？所以他並不認爲自己的行爲是投降，而是去「助人」。他返回日本的翌日（四月十日），約我會面。根據他長達兩個鐘頭的說明——被聯合國驅逐的國民黨政府已發生動搖，如果島內經濟崩潰，台灣將會被中共征服，因此他認爲他必須扮演台灣經濟顧問的角色。

「日本的大企業家都希望與中共貿易，我們若將被中共排擠的中小企業誘導到台灣，對雙方均有利益，是以，我將做爲窗口。我自己在日本已賺了很多錢，根本不會想在像台灣那麼狹小的地方與人競爭賺錢，所以政府很歡迎，台灣人也很感謝……。」

的確，他不但大受歡迎，以後也獲得種種的利權。連廖文毅也只不過獲得曾文水庫與台中港建設委員會副主任的閒職而已，由此可知，蔣介石政權是如何地優遇他了。

同時，蔣介石政權不允許廖文毅出國，但其後的投降者皆被允許自由出入日本。蔣介石政權知道，投降者一定會被獨立運動者咒罵爲叛徒，也會被一般台灣人輕蔑而無容身之地。因此督促他們，欲要恩賞，必須提供情報，或指使他們引導昔日的同志歸順。

聯盟盟員的投降者必定會受到開除處分。但是，對邱永漢與簡文介這種人卻沒有處罰，僅在《台灣青年》第一三八期(一九七二年四月五日)以〈邱永漢走向國府〉加以抨擊。在當時的討論中,多數意見認爲邱永漢與簡文介只不過是名義上的盟員,所以沒有加以處分的必要,但這種做法到底能否被接受,不無疑問。蔣介石政權將邱永漢捧爲「獨立運動的領導者」,只不過是爲了誇大宣傳釣到大魚而已,但是《台灣青年》第一〇五期「公告」的第七屆中央委員名單,卻成爲蔣介石政權藉以宣傳的有力證據,對此,我們實有反省的必要。

受困於財務的聯盟活動

談到辜寬敏,就說來話長了。他不但聰明、英俊,且口才便給,是玩樂時的好夥伴,但也是獨立運動的頭痛人物。

我認識辜寬敏是在一九六一年四月三十日。當時廖建龍介紹他是「六分俠氣、四分熱情的豪邁男兒」。在初次見面時,辜寬敏即表示《台灣青年》是一份好雜誌,應改版爲月刊,他願意無條件每月捐款十萬元。我們檢討的結果,認爲他判斷台灣已經接近獨立,爲打倒阻礙前進的「臨時政府」,所以希望藉《台灣青年》的力量來完成目的。雖然辦月刊相當冒險,但不試一試,也許難以突破,於是接受他的建議,勇敢地踏出第一步。

辜氏對台灣青年社的運動方針頗有意見,但並未提出新的方向。大家雖對其看法頗不以爲然,但囿於資金困難,不得不忍讓。其後由於資金援助問題,組織與辜氏的關係一度相當險惡。一九六二年十月，辜氏甚至向組織提出絕交信。

同年十月，由於發生在雙十國慶會場噴射催淚瓦斯的「日劇事件」，使我在當夜被警視廳列爲重要關係人物被約談，經過長時間的訊問後，勉強飭回，其後更被監視、跟蹤將近一個月。

即令如此，我也不得不爲組織的財務四處奔走。此時，雖然開發出史明這條管道，但尚無法彌補全數空缺，只得縮小戰線，削減經費，這點也招致部分成員的不滿。

在此時期，我的痼疾開始惡化，亦曾因過勞而昏倒在路上，導致眼鏡框割破右眼瞼。這點使我認爲自己的生命已經到了極限（參照《台灣青年》三十八期，王育德〈辭去總編輯〉〈公告〉〈編後記〉）。

五年委員長的功過

陳純眞特務事件發生後，黃昭堂爲負起責任而辭職，但組織爲財務所苦，乃由辜寬敏出任委員長。他在任期間，是一九六五年五月至一九七〇年六月，前後長達五年之久。

我因爲參加「元老會」，自然也算是辜氏的部下。我從不知道當人家的部下是如此輕鬆，總對爲什麼有那麼多人想當老大感到疑惑。我不知道他對我的態度有否改變，但我個人對其資金援助的貢獻評價極高，所以也誠心誠意地全力加以協助。

他擔任委員長的五年間，至少捐出五千萬日圓。聯盟在一九六五年至一九六八年間，除《台灣青年》外，還出刊《台灣》、《Independent Formosa》、以島內爲目標的《獨立台灣》及針對盟員的《台灣青年報》等五種刊物。除編輯費之外，印刷費、郵費也相當可觀。此外，林啓旭、張榮魁強制收押事件和柳文卿強制遣返事件的訴訟費用、「林、張兩君人權保護會」等經費亦不在少數。這些幾乎全由辜寬敏一人負擔。他主張不必年輕盟員去募款，因爲那不但消耗時間、精力，且無效率。他說的話是不錯，但這在運動方向上是否正確？是否會使年輕盟員被寵壞呢？

我不知道是否有其他任何人可以像辜寬敏這樣爲獨立運動奉獻金錢。雖然有人背後說那是他父親的遺產，但不論它是父親的遺產，還是賭博贏來的錢，總之是他自己的錢。

或許他有政治野心，但那又何妨？蔣介石政權宣傳說，我們搞獨立運動是爲了當總統、部長，我個人並不抱這個目的，但台灣人就是太沒有政治野心了，才會安於被人統治。爲什麼中國人可以當總統、部長，台灣人就不行呢？

然而其後，辜氏對獨立運動之無力感到失望，從而認爲，若不能從正面打倒蔣介石政權，或許可考慮說服蔣介石政權宣佈獨立的捷徑。他不只一次告訴我：「這樣下去，聯盟將會與台灣人產生隔閡。我們是否有必要重新認識蔣介石政權三十年來安定統治的現實呢？」

其實，我一再強調獨立運動的意義，鼓勵委員長不能沒有信心，但對固執的他，似乎沒有效果。

一九六八年末或六九年初，他不顧盟員反對，與國府駐日大使彭孟緝會面，嘗試個人私下返台與蔣經國談判。此舉雖有探查對方意圖的理由，卻會失去盟員的信賴。同時，他自己有什麼談判的籌碼，蔣介石政權大概也很清楚。這是他天眞的地方。

辜氏於一九七二年三月一日返台，他與蔣介石政權約定絕對不可將其投降曝光，因此電視、報紙均未加以宣傳，但此事經口耳相傳，仍廣爲人知。他事前雖曾與廖建龍商量過，但廖並未讓聯盟知道。聯盟獲知辜寬敏返台的消息，是在三月十二日，受到很大的衝擊與震驚。經重要幹部開會討論結果，決定以他長年來對獨立運動的貢獻，不忍予以公開除名處分。無奈之餘，乃力勸他以返台前的二月十日爲時點，以自動方式退出聯盟，實爲妥協的產物。至於廖建龍，則因與辜寬敏道義上的關係，也黯然自動退出聯盟。

但是，據說許多盟員對此相當氣憤，特別是來自總本部的嚴厲叱責，要求做成更嚴厲的處分。於是，五月二日的中央委員會做出公開除名的決定。其間經緯已於《台灣青年》第一四〇期（一九七二年六月五日）〈辜寬敏的除名與我們的反省〉中詳述，在此不再贅言。

（連載於《台灣青年》二三一～二三四期，一九八〇年一月五日～四月五日）

（侯榮邦譯）

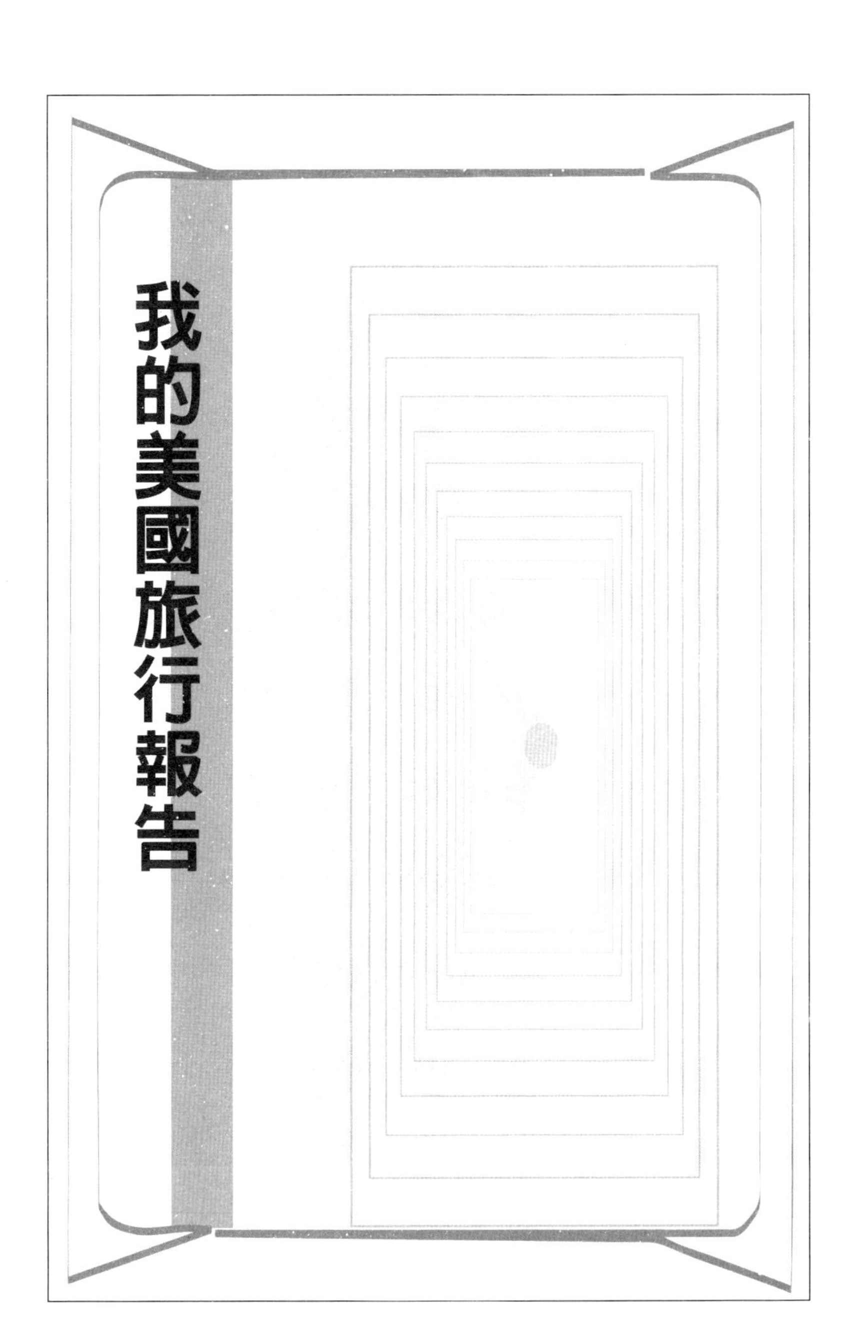
我的美國旅行報告

之一：

巡迴演講中的短期觀光

今年（一九七七年）夏天，我在美、加各地旅行，所見甚多，也拜訪了很多人。「百聞不如一見」，這句話眞是剴切之言。身爲一個台灣獨立運動者，他眼中的美加風土如何？他又如何看待美國與加拿大的台灣人？對此，我認爲甚有必要留下詳細的記錄。

現在一般人前往海外旅行並不稀奇，不過對因爲沒有護照而被閉鎖在日本已二十八年的我來說，這次美國與加拿大之行，可說是我生涯中的一件大事。喜歡旅行的我，利用學術研討會或學會出差等，幾乎已走遍日本國內各地，不過一直爲不能「出國」感到可惜。說到出國，我最想去的是美國。

我經過兩年申請，一九七七年終於獲准被明治大學商學部派遣到海外研究，名義是「考察歐美諸大學的中國話・台灣話的研究現狀與各國華僑社會」。

依明治大學的規定，海外研究分長期（一年）與短期（六個月）兩種。研究工作當然最好能有充分的時間與穩定的環境，不過我的情況並不允許有那麼悠長的時間。因此，我在一九七六年度申請短期考察，但獲准出國已是一九七七年度了。

就結果來說，這反而好一些。因爲同年加拿大金格斯頓將舉行世界台灣同鄉會聯合會第四屆大會，其規模遠較過去維也納、紐約、洛杉磯舉辦的前三屆更爲盛大。同時利用此一機會，還可見到好不容易於今年六月剛從台灣脫出的『台灣政論』副總編輯張金策和阿里山事件中活躍的嘉義縣議員吳銘輝等。

我在日本持「特別居留」簽證，本來法務省是不准這種身份的人出國的。但這項限制從數年前開始已和緩一些，我周邊的人逐漸都獲准到海外旅行了。

日本法務省會發給這些人所謂再入國許可証的黃色册子。册子中記載著該人的住所、職業、國籍和年齡等，這只不過是日本國承認其可以再入國的證明書而已，外國是否要核准其入境，還要視個案而定。若在外國發生事故，也要由本人自負責任。我不安心者，莫此爲甚，但即使不滿，也沒有發洩的餘地。

日本法務省認爲這是對外國人的「恩典」而非權利，像我這種人，常有不被批准的可能性，幸而我有名正言順的海外研究名義，故頗有自信地提出申請後，大約經過十天即輕易地獲得批准。

接著，我到美國大使館辦理入國簽證手續。當女職員質問「爲什麼沒有中華民國護照」時，我不知該如何說明，只有苦笑，幸而瞭解詳情的另一位男職員代替她當場發給我六個月自由出入的簽證。

我到加拿大大使館辦簽證時，卻遭逢了意外的麻煩，他們規定需具備往返機票、足夠的旅費證明、大學的邀請書等三項證件才能發給簽證。

依據審查官員的說明，以往只要有美國簽證，就能輕鬆出入加拿大，但最近政策改變了，對台灣人或由台灣來的旅行者尤爲嚴格。此乃蒙特婁奧運時，「中華民國」選手團被拒入境一事，令人記憶猶新。

在紐約與多倫多的同志早先曾告訴我，若在日本申請有麻煩的話，可在駐紐約的加拿大領事館申請簽證。但由於時間上尚綽綽有餘，因此我還是決定在日本自己辦妥比較安心，所以立刻聯絡在加拿大的世台會辦事處，請他們寄來大學的邀請書。

我約莫等了一個月（甚至可能四十日）還沒收到他們的文件。但當終於收到時，卻令我大吃一驚，因爲同志們大費周章，寄來的竟是要我出席大會演講的邀請書。

本來我盼望能低調進入加拿大，如今卻變成大張旗鼓，而且時間也變得很急迫，總之，對方應可看出我已相當努力，因而再度前往申請簽證，結果，預料中地，對方以責備的口吻說，「這豈不是違反約定嗎？」

當我放棄而準備離去時，對方似乎感到憐憫，說：「既然已提出申請，而且也有明治大學的請託書，讓我請教本國看看吧。」

後來我接獲通知可去取件時，正好已是我準備出發的前一天。我因大學有課，拜託妻子代理前去取回。可是加拿大政府只給我十日的簽證，與美國的大國風度相比，實有天壤之別。

我原本預定有兩個月的充裕時間來辦理簽證手續，結果也恰好整整費時兩個月。因加拿大簽證如此費事，使我不再想申請歐洲諸國的簽證了。

我於六月二十四日搭乘日本航空公司的飛機出發，於九月十三日下午三點搭乘同一公司的飛機返日，前後八十四日的旅行終於落幕。

出發日定爲六月二十四日，是因爲二十六日在洛杉磯的台灣文化欣賞會邀請我演講「我的語言研究歷程」。這次是我赴美的第一鳴，其評價將影響其後我在美國的聲望。爲避免時差妨礙，所以至少需於兩日前到達，藉以調整身體狀態。

返日原是定於九月十五日。因爲十月起新學期就要開始，不過實際上我從九月初就開始逐漸覺得疲倦，隨著行程越接近西海岸，思家心情油然而生，甚至希望早日回到日本。

中間行程只決定於七月一日至三日參加在金格斯頓舉行的世界台灣同鄉會聯合會第四屆大會，及八月三日至七日參加在麻州普羅美特斯舉行的美東夏令會，其後想在紐約租一間公寓做爲根據地，以便訪問附近幾所大學、會晤幾位親戚友人，然後想安定下來做自己的研究。因此，我從五月起就將書籍、資料以至稿紙陸續以船運寄出，正如妻子事前所言，果然不是那麼簡單。

六月二十四日下午四點抵達洛杉磯，從第一日開始，我就爲接待訪客而忙得不可開交，完全沒有休息的時間，我不得不覺悟：既然來到美國，自己的軀體已經屬於在美的台灣人了。

這次旅行本來就不打算是私人活動，因此，盡量與更多台灣人會面、交換意見，是我的潛在目的。這次旅行中，我本身以台灣人之「公共人物」的活躍經歷，讓我感到莫大的責任感與驕傲。大多數人都知道我的名字，正確地說，我是台灣獨立聯盟日本本部的常務委員，也兼任世界台灣獨立聯盟總本部（美國、加拿大、歐洲、南美洲，台灣以及日本本部選出）的中央委員。同時，我擔任在日台灣同鄉會副會長，及紐約曼哈頓「台灣語文推廣中心」的日本地區負責人。有如此頭銜的「大人物」初次來到美國與加拿大，不可能僅是個人研究與私人觀光吧，而且邀請者也一定充分準備，等待著我的到訪吧。

總之，我遵照台灣獨立聯盟美國本部安排的行程，在美國主要都市巡迴演講，並利用空檔來觀光與處理私事，總算能達成預期的目的。

我以紐約爲中心，前後進行了三次地方性巡迴演講。由於過去曾有彭明敏博士、作家黃春明及聯盟日本本部金美齡女士的先例，主辦者的行程規劃似乎相當熟練。不過我已經不再年輕了，所以也不忘提醒他們不要安排過密的檔期。

地方巡迴演講有優先順序，大都選擇運動會或野宴等有衆多台灣人聚會的日子舉行。大都市會選擇比較容易糾合群衆的週末舉行，小都市則無法避免地得在平日進行，通常是在某人家裡以座談方式交換意見。

的確，行程可依聽衆多寡排行優先順序，不過就演講者的感受與聽衆的反應來說，則是有所不同，這是我從中獲得的體驗。

日程表決定之後，我開始忙於巡迴各地。平時較少同鄉聚會的地方，通常會藉名人來訪及演講會爲契機，提高成員意識，強化組織活力，因此均會積極配合與協助。無論會場的設定、講題、演講者的略歷，均會事先通知會員，並盡量動員。時間來得及的話，則會將消息登載於報刊、鄉訊，趕不及時，則另發號外或以電話通知。

爲供參考，謹誌我的第二次巡迴演講，從七月二十日至三十一日的行程如下：

七月二十日（星期二）

下午五點半從紐約賓州車站出發

下午九點到達華府

「特快車」

W氏前來迎接。

七月二十一、二十二日（星期四、星期五）
訪問政治家與記者
W氏擔任翻譯
七月二十三日（星期六）
在華府同鄉會主辦的集會演講（註：地區運動會）
七月二十四日（星期日）
上午十點從華府出發
上午十一點二十一分「特快列車」到達威爾敏頓
K氏前來迎接
晚上在費城同鄉會主辦的集會演講
七月二十五日（星期一）
上午、下午　觀光
晚上舉辦特別演講會
七月二十六日（星期二）
下午零點五十五分從費城出發
下午三點五分「阿列肯尼航空」到達哥倫布市

G氏前來迎接

晚上在哥倫布市演講

七月二十七日（星期三）

午後從哥倫布市出發

傍晚到達辛辛那提 「G氏駕車」

S氏前來迎接

晚上在辛辛那提演講

七月二十八日（星期四）

上午從辛辛那提出發

下午到達寶齡琳 「C氏駕車」

七月二十九日（星期五）

午後從寶齡琳出發

傍晚到達芝加哥 「C氏駕車」

七月三十日（星期六）

在芝加哥演講

W氏、K氏、G氏、S氏均爲初次見面。其實或許曾在金格斯頓見過，但因在場有幾百人，所以我記憶不清。不過他們好像都對我很熟，熱誠地說：「王教授，我專程前來迎接您。」並客氣地提着我的行李到停車場。

在什麼地方演講？住什麼地方？是否有觀光時間等，一切均委任他們處理。其後我半開玩笑地說，若有人假扮是蔣政權的特務，我將如金大中一般被輕而易舉地綁架。我雖然是在從未到過的地方，但卻如與十餘年的知己相逢般令人感動，尤其是從七月三十一日到八月二日訪問科羅拉多州、丹佛期間所受到的殷勤招待。

前往丹佛原是計畫之外的，那是到華府之後才臨時增加的行程。W氏與丹佛的同鄉會長L氏是親友，因此對L氏說，王教授七月三日在芝加哥演講後，離到普羅美特斯參加夏令會還有二、三日空檔，問他是否有意招待王先生。

L氏似乎首次知道我來美國，立即說：「王教授是我在台南一中求學時代的恩師，若不嫌棄丹佛是偏僻鄉村、人口稀少的話，我很誠懇地邀請王教授前來。」並託W氏勸我一定要去。

承蒙W氏四天殷勤的招待，他的邀約讓我無法拒絕，更何況L氏曾是我的學生，師生情誼躍然心上。

我戰後流亡日本之前，曾在台南一中擔任過三年九個月的歷史地理教師。經過二二八事件的巨變，讓我感覺在中國人獨裁政權下擔任中學教師非常屈辱，在無法壓抑受挫情緒下，有時也會將殘遺的黑暗記憶向學生吐露。

台南一中是台灣南部的第一名校，學生的素質頗高，大學畢業後，出國留學者亦不少。他們雖非受到我的影響，卻大都具有濃厚的政治意識，有不少人成爲獨立運動的鬥士。所以他們一聽到老師要到美國，即陸續邀請我到其居住的城市演說。

南一中校友未必全上過我的課，因此我特別帶來當時的畢業紀念冊，可惜放在紐約的行李中，忘記隨身攜帶，所以，L氏到底是否上過我的課，不得而知。

本來我計劃在七月三十一日或八月一日到離芝加哥二百哩的小城鎮訪問擔任醫生的一個親戚。但是這位親戚素未謀面，也未曾聽說活躍於獨立運動，若有空閒，當然可以考慮前去拜訪，但既然出現前往丹佛的計劃，自然不再加予考慮。

丹佛曾給我兩個印象。其一爲著名的中國詩人余光中在《蒲公英的歲月》詩集中將其留學地——丹佛比擬爲甘肅省的玉門關，頗受中國人評論家青睞。那種比擬是否妥當，如果可能的話，我很想親自前往確認。其二爲我曾看過的電影故事中，有一架飛機被人犯設定爆炸裝置，當飛機降到一定高度以下，該裝置就會自動爆發，機長採取緊急危機處理，將飛機降落於海拔一千五百公尺高的丹佛機場，千鈞一髮地逃過劫難。

但是我其後須從芝加哥趕回東部，前往丹佛並不順路，所以心裡有些不捨，而且W氏也要我不要過度期待，因爲聽衆可能只有十人左右，我有點猶豫不決，但最後還是答應了。其後，我一度認爲當時的決斷是正確的。

七月三十一日上午十點三十分，我從芝加哥出發，上午十一點五十二分到達天青氣爽的丹佛高原。因有一個鐘頭的飛行時差，應是有相當距離的。

鄰座一位商品推銷員對我說：「若包含郊外的寓麗都，丹佛是一百五十萬人口的大都市。繁華地區是司空見慣的景觀、高樓大廈櫛次鱗比。」它與春風不渡的玉門關完全不同。

L氏與S氏一起到機場來接我。乘上L氏的車後，他隨手交給我一張英文行程表，翻譯如下：

王教授丹佛旅行預定表

七月三十一日（星期日）

上午十一時五十二分抵達丹佛機場（US263班機）

下午一點～三點半抵達位於波特的S氏自宅小憩

下午四點～五點半至科羅拉多大學發表演說

下午六點～九點在L氏自宅烤肉餐會

下午九點宿於Y氏家裡

八月一日（星期一）

一、空軍士官學校

二、衆神庭園

三、Royal Gorge

當夜宿於L氏家裡

八月二日(星期二)

上午八點~十點　參觀科羅拉多大學

上午十一點　抵達丹佛機場

下午零時五分　向波士頓出發(US162班機)

首次接到如此詳細的預定表，懸宕心中已久的不安終於釋放，同時也顯示L氏是一位用心、體貼的人。

但預定表只是預定表，首日的時差頗令L氏夫妻相當慌張。演講雖然稍遲開始，不過現場氣氛頗佳，讓我心情愉快。因發問相繼不斷，直到預定的時間六點半才告結束。

結果，在L氏家裡的野餐會從七點延到九點多。雖然如此，大家都還不想回去，所以又移到室內，歡談到十一點才意猶未盡地結束。

其實，丹佛的台灣人大都住在西北部五十公里外的波特地區，附近合計約有三十戶，七十餘人加入同鄉會。雖然加入同鄉會，卻不表示熱烈參加活動的人不少——這是任何地方共同的現象。因此，原本估計會前來聽演講者大約只有十人左右，但實際上卻有四十餘人，此一前所未有的「盛會」，直讓L氏驚喜不已。

聽到這樣的描述，令我欣喜不已。談話內容也相當有力而精彩，聽衆的反應也很容易得知。我每次演講都會自己計分，這一天的成績我認爲可以打九十分。

正如我所預料地，提問甚爲熱烈，由此可知他們其實非常關心台灣諸事，卻因遠離組織中心，缺乏資訊。

我那天晚上變更原訂在Y教授家裡宿泊的計劃。因爲行李放在日間小憩的S氏家裡，不便回去拿，又有些疲倦，還是住在獨身的S氏家裡比較不消耗氣力。

S氏三十四歲，留著有趣的八字鬍，任職於科羅拉多大學圖書館，具有專業級的攝影技術，時常在地方新聞投稿台灣問題，是一位相當優秀的好青年。我說，紐約有許多獨身的女性，若有好對象，我會給他介紹。他率直地交給我履歷，殷切地拜託我。

但是，若僅是演講評價高或認識了善良的人們，也不會對丹佛留有這樣快樂的懷念。丹佛使我難忘的理由之一，是第二日L氏與S氏爲我計劃的洛磯山麓之旅，風景實在非常優美。

這可說是我來美後首次享受到觀光的快樂。迄今爲止，我曾在紐約參觀摩天大樓、遊覽華盛頓、費城的名勝古蹟，但那畢竟是人工的造型之美，遠不及此地的大自然壯觀。

就大自然的構造來說，從多倫多進入水牛城途中所參觀的尼加拉瀑布的確是天下奇觀，令人由衷驚嘆，可惜受限於時間，不能悠遊自在地參觀。

但與廣無止境的洛磯山麓相比，尼加拉瀑布只不過是一個景點而已。瀑布周邊的人造之美有種不協調的感覺。對人類而言，大自然顯示著其傲慢的存在，但也讓人感覺到科羅拉多人被溫暖的大自然擁抱著，悠悠然享受著豐盛的氣氛。整整一天，我與兩位同志浸淫其中，回味無窮。

我們依照事先的安排，於上午九點將放有三明治、可樂的手提冰箱裝進轎車後座，沿着二十五號高速公路南下。

大約經過一個鐘頭，抵達空軍士官學校，參觀可聯想到噴射機翼的摩登教堂與廣大而優美的校園。這是一個有名的觀光地，停車場停著掛著各州不同車牌的露營車。沿著高速公路的飛機場，有時可以看到急降轟炸的訓練，但這一天卻只看到訓練機練習起降的場面。

從科羅拉多普林庫斯斜向西南，踏入了洛磯山脈的山麓。往路易維爾方向，有以奇岩怪石著稱的衆神庭園，其赤茶、乳灰色與周圍的綠色相當突兀。岩石各有其名稱，與日本的昇仙峽相同。不過這裡使用「接吻駱駝」、「睡夢印地安人」、「蒸氣船岩」、「三人的貴婦」等相當洋式的命名。

我們找到可以野餐的地方大吃三明治，野趣十足又別具口味，它的絕佳味道，任何高級餐廳都望塵莫及。

目的地的路易維爾位於山麓的科隆鎮。依據L氏的說明，此地的峽谷可與內華達州著名的大峽谷匹敵，可是知道的人不多。不過，據說到丹佛觀光的日本人大都會來這裡。

其後，我另有機會一個人到大峽谷參觀，其規模之大，的確不能與之比較。但是，這裡有很大的吊橋可以渡過對岸，或是乘坐空中纜車下降到峽谷底邊，或是利用山間鋼索鐵道俯瞰峽谷全貌，令人覺得有大峽谷所沒有的親近感。

沿着阿肯薩斯清流的底邊，左岸有鐵路緊靠着岩壁行進。從峽谷上面往下看，我本以爲是玩具鐵路，當我知道它是眞正的鐵路時，不禁大吃一驚。據說這條鐵路可以通達西海岸。它橫斷洛磯山脈，能夠欣賞沿線各地美麗的風景，內心盼望有機會能再一享眼福。據那天晚上提供住宿的Y教授說，這條鐵路的建設曾僱用過許多中國勞工。

我們在路易維爾待一個下午後，回到丹佛才吃晚飯。我要他們帶我到日本料理店，讓我做東請客。丹佛市內住著許多日本人，也有天理教會。據說是第二次大戰中被強制收容在科羅拉多州東南隅的日本人，有不少人於戰後來此定居。

此次旅行，只有在拉斯維加斯的兩晚住旅館，以及參加同鄉會年會與夏令營，大家同住大學的學生宿舍六天之外，全都住在個別的家庭，因爲他們都很熱情，不讓我住旅館。

住在個別人家裡雖然可以省錢，卻有點費神，而且不能像旅遊般地享受夜間的快樂，但卻幸而得以看到三十個以上的台灣人家庭。以後我有機會再報告政治以外的關於他們的生活文化。

（刊於《台灣青年》二〇六期，一九七七年十二月五日）

（侯榮邦譯）

之二：

美國的廣大國土與汽車文明

汽車、飛機與火車

我一抵達美國，就對她的廣大國土感到驚奇。雖然我已從書本上得知美國土地面積爲九百三十六萬平方公里，但是沒有身歷其境，不能知道她實際上廣大到什麼程度。

我曾在美國搭乘飛機近二十次，每次都如同小學生的畢業旅行一般，全身充滿了欣喜，直把眼鏡貼在窗口注視下面的景觀。飛機時速近九百公里，但每次都好不容易才飛到海面上空，的確可稱爲大陸國家。她有平原、有山岳、有沙漠、有湖沼，似乎寶藏了多種多樣的資源，也呈現了溫馨豐富的色彩。

我不禁感到羨慕，美國人任何方面都是幸運的，但他們應該不是當初就知道有這樣的好土地才開始殖民的吧。

我下飛機後，車子一上高速公路，就更能切實體會到美國國土的廣大了。

美國全國遍佈高速公路網，在二十世紀後半期，不僅美國，它已是全人類值得記載的一大土木工程。

美國的高速公路有州際公路與地方公路兩種，幾乎都是往返各三車道，中央分隔帶留有相當間距，外側也確實保有足夠幅地。

最高速限時速五十五英哩，一英哩約一・六公里，所以約是九十公里。但遵守速度限制的人似乎很少，據說開到六十英哩，巡邏車也不會干涉。六十英哩已近一百公里，因道路寬濶，車子也是大型的，所以並沒有高速的感覺。我算是冒險心旺盛的人，所以遇有熟悉友人開車，就會催促說：「快，再快一點。」

「眞的嗎？載着重要人物王先生，我不得不小心開車呢，既然王先生想試試的話，那麼……」語畢，開始重踩油門，加速到七十五英哩，我終於嘗到戰慄的快感了。

有趣的是，有些地方標示速限四十英哩，讓我回想起高中時代的英文老師外遊的逸話，本來我還半信半疑，現在終於相信了，太慢反而容易發生事故。

若僅就國土大小來說，蘇聯、中國、印度並不比美國遜色。美國之所以爲美國，應是在廣大的國土上有冠於全世界的汽車文明使然。但如果僅有廣大的土地，卻文化落後、國民貧窮，那也只會被蔑視爲「大棵呆，好看頭」吧。

在美國生活，沒有汽車是不能想像的。一個人無論如何貧窮，也都擁有汽車。沒有汽車等於沒有雙腳。無論上班上學、購買東西、訪問友人，都要開車。大部分人家擁有兩輛車。一輛是主人上下班用，另一輛是主婦購物與接送子女上下學用。我很快就瞭解了這種事實，可是許多從台灣來探親的老人卻因腦筋硬化，認爲媳婦過於奢侈。

一億七百萬台汽車（只算轎車）的耗油量是非常龐大的。石油危機以後，政府雖然呼籲大家要節約資源，但因屬於日常生活的必需品，節約也有限度。但政府無論如何也要爲國民確保汽油供給，若有汽車卻不能開，那就是美國滅亡之日了。

報紙上的經濟記事分析最近日圓漲價、美金降價的騷動，認爲美國龐大的貿易赤字，主要是因大量輸入原油的結果。美國本身爲世界有數的產油大國，但因開採成本頗高，所以才購入便宜的外國原油。它也被解讀是爲預防萬一及保存本國資源的高明國策。石油危機後，汽油價格雖漲價一倍多，一加崙也只要六・五美元，大約只是日本的三分之一價格。

美國更以飛機來補充汽車文明。除了休閒、旅行等特別目的之外，通常短距離都利用汽車，長距離則藉用飛機。例如洛杉磯—舊金山之間約四百二十英哩，開車需時近十個鐘頭，利用飛機則一個鐘頭就可以到達。而且每小時就有一班飛機，非常便利。紐約—波士頓之間約二百英哩，開車只需四個鐘頭，所以不搭飛機。日本僅有三個航空公司，但美國大大小小共有幾十個航空公司，而且機場設施皆十分完善，行李託運與旋盤輸送裝置等，應有盡有，令人驚嘆。

拉斯維加斯與那斯貝爾等地方性機場比較簡陋，紐約的拉瓜地阿與芝加哥的丹佛等大都市的機場則很混亂。看到幾架等待起飛而依序排列的飛機慢慢移動到起飛跑道的光景，你不但沒有不耐煩的心情，反而感到有趣。

國內線可以容易地買到機票，驗票手續也很簡易。空中小姐都穿著平常服裝，很有人情味地笑著，令人感到無比的親切。

美國的汽車與飛機已足夠使用，所以鐵路似有被淘汰的命運。我曾有兩次機會搭乘火車，一次是從紐約到華府，一次是從華府到威爾民頓(費城前站)，都是十輛編制的電氣機關車。紐約到華府票價二十五元美金，我認爲便宜，但空位卻還很多，不曉得它們是否合算。二〇〇美哩的路程約需三個鐘頭，或許是維修欠佳，一路頗不平穩，不過車廂鋪有地毯，還算清潔。

華府的火車站彷彿美術館，豪華絢爛，紐約的火車站則有骯髒的感覺。途中各車站比較寬大悠哉。列車似乎沒有麥克風，工作人員巡迴各車廂，告知下一站站名。到達車站時，也不廣播，這使外國旅客有些不安。七月二十日，我搭下午五點半的特快車去華府，比預定時間下午八點半慢了半個小時才到達，確認其原因，始知是爲了節省能源而減慢速度。這種隨便的作法令人不能接受，同時也感到鐵路的夕陽化不無道理。

在美國，若在行走中碰觸到別人，會很自然地說「對不起」。率直地道歉，顯然知道碰到別人是失禮的事，不過這種情形也許不多吧。若在日本，則似乎有點小題大作了，得連聲地發出「原諒失禮、原諒失禮」，好像白痴一般。

美國看不到日本電車在上班上學時段的那種擁擠光景，因爲大家都開車上班上學。高速公路也有塞車，但也只降到時速二十英哩左右，不會像日本動彈不得。車站混雜的程度與位在曼哈頓第八大街的港務局多少相似。這是因爲六、七層的大樓全部闢爲巨大的公車總站，幾十條路線的巴士頻繁地出發，每每一起湧出甚多群衆。雖然混雜，但仍非日本的新宿與池袋可比。

要在曼哈頓找停車位並不容易，所以許多人改搭公車上班。公車的車尾大都貼有廣告，寫著「感謝您搭乘公車，節約能源──吉米・卡特」，頗堪玩味。

美國的廣大國土與豐富能源似乎還有二分之一尙未開發。擁有拉斯維加斯的內華達州無人砂漠算是極端，我不便引以爲例，然而我看科羅拉多州那廣茅無盡的荒野牧原，如有心要好好利用的話，應該有更有效率的方法才對。

我往訪康州新海芬市的耶魯大學時，從紐約的十五號高速公路出發，在兩個半鐘頭的路程中，兩邊幽美的天然森林綿延着，彷彿是在公園裡行車，令人讚嘆。

東部是美國最早開拓的地域，卻仍遺有如此幽美的自然森林！我本來以爲，美國之所以會神速往西部發展，是因爲東部及中部已完全開發，這原是我的認識不足。

當時自然保育的思想尚未普及，所以他們僅以大地方爲重點去著手開發，如今他們已達到進出太平洋的目的了，正可以回過頭來慢慢處理尚未開發的地帶，而已經開拓的地域，則思考其效率而重新規劃，以此來支撐現在成倍以上的人口。

現在美國有二億一千萬人口，但每年仍給世界各國幾十萬的移民配額。其中以歐洲最多，亞洲的黃色人種最少，不過仍然有不少台灣人蒙受恩惠。

除了正規的移民之外，偷渡入境者亦爲數不少。墨西哥邊境的偷渡的，頗多，台灣人以「跳船」方式偷渡的，似乎也沒絕跡。據友人說，偷渡入境者的數目約有一千萬人。這是我意料外的數字，廣大的國土加上形形色色的人種所構成的國家，當然不容易檢舉，但是政府也未免過於大方了。這與日本對僅一、二個偷渡入境者斤斤計較，並費力去檢舉的作法實有天壤之別。當我爲此感嘆時，友人卻說卡特總統今年夏天發佈要對偷渡入境者賦與永住權，再度使我感到驚奇。嗯，的確，美國是個偉大的國家。

美國國土廣大而人口少，這很容易影響他們的生活方式。每戶住宅均有充分的建地。在我所看過的台灣人家庭中，大概都在四、五百坪的腹地上建七、八十坪的二層透天厝。這只是根據我的目測，問那些年輕人土地有幾坪，他們都無法回答。因爲美國是用英畝(一英畝約一千二百二十坪)計算的。要知家宅大小，問問其房間數目即可知道。有三個或四個房間？自然決定了其大小與規格。

有三個房間的家庭，夫婦的房間稱爲主人房，最爲寬大，也佔最佳的位置，幾乎都附設有專用的洗澡間。全部使用雙人床。其餘兩間爲孩子的房間。有來客時，則提供其中一間給客人使用。所以一般還是希望擁有四個房間。另外則還有一間孩子與來客專用的洗澡間。

相當於日本「應接間」的客廳之外，還有相當寬大的家庭用起居間。這是家族平常團圓時使用的房間，大都隣接於廚房與餐廳，並置有電視與安樂椅。另外，廚房的出入口隣接著車庫。車庫足可停放兩輛車，壁角放有日常木工用的工具。二層透天厝中，也有一層連接地下室。洛杉磯地區大都只建一層平屋，大概是建地很多吧。

美國家庭都使用中央空調系統，一年之中均設定了一定的溫度。你無論宿泊在誰家，只要一條毛毯就夠了。不僅夏天，冬天也一樣。像日本百貨公司所展售的那種約一公尺的柔軟敷被與蓋被組合，在美國是派不上用場的。因爲家裡夠溫暖，所以夜間要去探一下嬰兒，也不覺得冷。

這些都要依靠能源，因此電氣與瓦斯的消耗相當多，但在生活費之中，它們所占的比率並不算高。若要說奢侈的話，紙的消耗就更大了，拭手與擦桌子都要使用紙張。手帕與抹布洗一洗還可以使用，紙張則用一次就丟掉了。其中最可怕的是新聞用紙，尤其像「紐約時報」，每天份量厚如週刊。有運動版、娛樂版、家庭版、不動產版、廣告版等，各版都有幾頁。若要認眞閱讀，需花費一整天工夫。曾有友人傳授我閱讀要領，說做爲一個獨立運動者，讀政治新聞、社論與讀者投書就足夠了。美國的新聞紙不像日本可以交換衛生紙，太浪費了。

自來水有兩個水龍頭，整天有溫水，所以任何時候都可以淋浴。浴室和洗手間連在一起，使用者大都速洗速決，不像日本悠哉地浸於槽裡，自然地吟唱「泡湯好」。

像這樣的房屋，大概六、七萬美元（近一、二年漲價二十%）就可以買到，實在很便宜。而且只需繳納二十至二十五%的頭金，其後每月繳納爲期三十年的分期付款。

普通住宅如同日本以木材築成，但似乎比日本粗糙。有一位台灣老翁把它形容爲「縱鼻糊、搵爛貼」（用鼻涕糊，用口液貼），這或許是爲防止地震與颱風災害，已住慣磚房瓦屋的台灣老人家的風趣與幽默吧。

美國人有房子、轎車是很普遍的，不像日本與台灣可是一世一代的大事。他們會調適其家族成員與生活水準，逐次購換房屋。據說美國人平均七年即購換一次。所以房屋不外是一種商品而已。既然是商品，就需好好處理，所以要釘上一支釘子也頗傷腦筋。而重視烹飪料理的台灣家庭，唯恐油煙污染房間，都盡量避免炸炒食物。

常聽說美國的都市是黑人住市區，白人反而住郊外。日本則是富有者住便利之地，貧窮者住交通不便的區域。所以上述情形在日本是無法想像的，除非到現地見聞，否則不能理解。

以紐約爲例，像曼哈頓地價第一貴的地方是混在摩天大樓之間的高層公寓。未知是何人做了這樣的都市設計，或許過去曾有一段時期視職場與住宅鄰接是最理想的形態吧。

但這些高層公寓如今已不能保證可以舒適生活了。不但建築物老朽，都市公害逐年增加，而且治安也惡化。美國人只要經濟允許，不會勉強自己住這種地方。他們土地多的是，而且開車上班也不會不方便。我在張燦鍙主席家打擾了二十天，它位於越過哈德遜河的紐澤西，通過林肯隧道到達上班的職場不過四十分鐘。張太太是稀少的不開車的人，她搭公車到港埠總管理局轉乘地下鐵到州政府上班（她是公務員），只不過一個鐘頭而已。

富人逃出市區後，黑人與波多黎各的低收入者隨後移入。他們少有衛生觀念，也不關心環境保護。甚至傳聞若有黑人移住郊外，該地屋價立刻下降，有錢人又會移出。

台灣人算是近於白人的階層。幾乎沒有台灣人與黑人和波多黎各人混居都市中心的公寓，他們大都在郊外擁有一間瀟灑的透天厝住宅，頗滿足於白人般的生活。

台美人的職業以公司職員、教授、研究員、律師、會計師、醫師、護士、公務員等知識性工作較多。也有一些從事紡織、寶石、食品、餐廳的商人。最近則有不少人從台灣移入資產，從事土地與汽車旅館的投資。

依據統計，美國人年平均收入一萬五千美元者占絕大多數，而台灣人幾乎都在此水準之上。台灣人的生活圈與中國人有截然的區別。最近美國人才開始會區分台灣人與中國人，未免太遲了。

在美的中國人原來幾乎都是廣東人。他們從十九世紀後半，當加州發現金鑛時，以金鑛勞動者渡美開始，在一世紀之間，包含自然增加者與新移民，已有四十萬人。他們大都集居於各都市的中國城，經營餐廳、雜貨店與貿易等。舊金山的中國城比較整齊、淸潔，但是紐約的中國城比較繁榮。本來我以爲中國城的生意是以美國人與旅客爲對象，實際上並非如此，主要顧客都是中國人自己。

關於中國城，無論紐約、舊金山、多倫多、蒙特利亞，都位在大都市繁華區的一等地段，無不令人咋舌。他們的土地如何取得，不得而知，但其經濟實力誠爲台灣人望塵莫及。雖然如此，中國人一旦密集，就會釀成舖張、喧騷、不衛生、異臭等種種獨特風氣，台灣人均避免與之爲伍。

對中國城內的中國人，蔣政權與中共雙方都執拗地互爭支持。據說蔣政權的舊金山總領事館爲了討好中國城的龍頭，曾特地派遣由台灣來的少年棒球隊前去訪問，並在餘興節目中唱歌。

現在美國政府與蔣政權還有邦交，所以支持蔣政權的派系較強，此情勢或許不久的將來會有逆轉。但不論他們支持蔣政權或支持中國，實際上都沒有什麼作用。因爲他們已經成爲美國或加拿大的公民，多少將會疏遠祖國。

與中國城內的中國人異質的中國人學者和研究員爲數不少。從生活水準與文化氣質來看，這些人比較類似台灣人，但仍具有強烈的中華思想，所以是屬於需加警戒的對手。例如諾貝爾獎得主、物理學者楊振寧是中國在美的重要發言人之一。相反的，也有爲蔣政權辯護的，如中央研究院研究員屈萬里教授等。

台灣學者受這些人的影響相當大。有些人想到中國看看，有些人以「歸國學人」被蔣政權做爲宣傳材料，政治色彩不盡相同。

（刊於《台灣青年》二〇八期，一九七八年二月五日）

（李明峻譯）

之三：

「我的台灣史觀」引起廣大迴響

無上的感激

在這次旅行中，最值得感激的事莫過於受邀參加在加拿大Kingston舉行的第四屆世界台灣同鄉會年會，同時還被安排在最後一天發表「專題演講」，在數百名出席者面前，我進行一場長達四十分鐘，以「我的台灣史觀」為題的演說。

所謂世界台灣同鄉會，即是由美國、加拿大、歐洲、巴西及日本五個地區的台灣同鄉會所組成的聯合組織，每年舉辦一次大會，首屆大會於一九七四年在維也納召開，一九七五年在紐約，一九七六年在洛杉磯，今年則輪到加拿大舉辦。

大會的規模一年比一年盛大，隨著台灣內外局勢日益緊迫，出席者的政治意識也逐漸升高，如今世台會儼然已成為海外台灣人最大的政治集會。

蔣政權與中國對此甚為反感，在紐約大會上，有二十餘名受到聯合國中國代表團唆使的

「併吞派」(他們自稱為統一派)人士在會場極盡破壞之能事，結果被全體與會者群起攻之，驅出會場。到了洛杉磯大會時，蔣政權還特意派遣三名議員出席，再加上八十餘名當地動員的職業學生，企圖掌控大會的主導權。

大家不知道對方這次會採取什麼招數，在緊張之中，多少也帶有看熱鬧的心情，結果那幫人只不過趁夜在廁所擺放反動傳單，在「綜合討論」上突然發言表示擁護蔣政權。如此脫線的演出，倒是有些出人意料之外。

不過在《中央日報》國際版及香港的右派報紙《明報》上，卻故意刊登一些揶揄毀謗的文章，尤其我的演講似乎擊中對方的要害，成為多方攻擊的焦點。

歐美與日本的不同

到今年為止，四次大會就有兩次在美國舉行，這也反映各地同鄉會組織以全美台灣同鄉會的實力最為堅強，歷史也最古老。

目前旅居美國的台灣人已達三萬人，已超越旅居日本的人數。在全美各地陸續成立的同鄉會組織已有七十個以上，而全美台灣同鄉會即為其聯合組織。

旅歐的台僑人數較少，其中以西德佔最大部分，其他如法國、瑞士、奧地利、比利時、荷蘭、西班牙及義大利等，皆有台灣同鄉會組織，這些同鄉會則聯合成立了全歐台灣同鄉會。

儘管日本的台灣同鄉會受到最大的期待，然而失望也最大。我自己對此也感到頗不光彩，但實際上日本與歐美的環境有其不同之處。說得極端一些，在日台灣人打從一開始就不認爲有組織同鄉會的必要。對於大多數從戰前便住在日本的老台僑而言，他們根本不覺得日本是異國。因爲他們早已建立親戚或同業的社交圈，同時也擁有許多日本人脈關係。

而戰後來日本的台灣人大多有可以投靠的在地親友，縱使孑然一身來到日本，在同屬黃種人的日本社會中，也很容易找到一席之地，不會覺得格格不入。在日常生活中，熟悉的漢字處處可見，在資訊取得上，沒有被隔絕的孤立感。縱使操著一口不甚流利的日語，生活在大都市裏，也不會引起太多異樣的眼光，旁人頂多覺得你的口音有些怪異罷了。

有時偶然在路上或車上碰到看似台灣同鄉的人，如果太過主動打招呼的話，反而會惹來對方莫名其妙的反應，有這種經驗的，相信不只我一人。

他們的臉上似乎寫著：「這傢伙是不是想打著同鄉的幌子欺騙我？」「該不會是想騙我參加什麼不三不四的組織吧？」

還有更糟的呢！有些人乾脆直截了當地回答：「我不是台灣人！」「我是中國人（或日本人）！」

台灣人之間彼此懷著高度的警戒心，這或可說是日本僑界的一種特色吧。

而我所代表的在日台灣同鄉會，成立才數年而已，說來實在令人汗顏。不過日本的台灣同鄉會成員卻具有較旺盛的台灣人精神，這一點還算值得驕傲，但是在先天惡劣的政治環境下，同鄉會的經營仍是十分辛苦。

台灣人渡海赴美，最早應該是在五〇年代初期，到了六〇年代，風潮不但未曾減退，反而有如江河奔騰，形成一股台灣人移民歐美的洪流。

最早期的留學生必須搭四、五十天的客貨船，由美國的西海岸登陸，再經過好幾天的長途車程，才能到達自己的學校，他們之中，有的已事先申請好兩、三百美元獎學金，這便是一切生活的依靠了，有的則得近乎不眠不休的打工，藉以換取基本的生活費用。

有時思鄉情懷湧上心頭，只想找個同伴，用台灣話聊個痛快，這些異鄉遊子便開著好不容易存錢買來的老爺車，到各地大學校園試圖尋找熟悉的面孔。

在這種自然的衝動撮合下，幾個台灣年輕人便熟悉了起來，同鄉會的雛形也開始出現。對於剛到美國的台灣人，同鄉會也十分樂於協助，從宿舍安排、入學、就業的建議到休閒娛樂的介紹等，可說面面俱到，無微不至，讓人感覺同鄉會組織就像一個大家庭似的。說得誇張些，現今旅居歐美的台灣人，在生活上幾乎無法脫離同鄉會的範疇。

歐美的台灣同鄉會組織之所以運作較爲健全，究其原因，教育水準相近是主要因素，而且成員的年齡也較接近。

看在島內台灣人的眼裏，能夠移居海外，可說是再幸運不過的事了。收入是台灣的好幾倍，住的是大洋房，出門以車代步，再加上沒有特務威脅，又能充分享受自由的空氣，這一切都是島內台灣人夢寐以求的。但是誰又知道，在這些海外台灣人的內心深處，卻感覺自己彷彿是被流放的棄民。

有一首「流浪海外的台灣人心聲」，是每次同鄉會活動時的必唱歌曲，原曲爲G. Verdi所作，由「洪蕃薯」作詞編曲，歌詞大意如下：

我們離開台灣到海外流浪，
每當想起美麗的故鄉，淚水不禁流下，
胸中的熱情無處可訴，
日月潭、古都台南、阿里山，
啊……故鄉已完全落入敵人手中，
我們的祖先，作牛作馬，代代相傳，
而今我們受著更殘酷的凌辱，
台灣人啊！你爲何悲傷？
站起來！站起來！爭取自己的自由！

站起來！站起來！爲獨立打拼奮鬥！
打破不平等！一雪往日的恥辱！
主啊！請您傾聽我們的願望！
護佑我們，重獲自由！

這首歌的原曲乃是教會的讚美歌，曲調莊重而婉轉，當筆者第一次在大會上聽到近千人大合唱時，不禁每一字每一句都會意地點頭，更壓抑不住那奪眶而出的淚水。

深具意義的大會

言歸正傳，這次世台會年會的所在地Kingston，約略在多倫多與蒙特利爾的中間（各相距約一百英哩），南濱安大略湖，湖面從本地漸次縮減，匯集注入聖羅倫斯河，是一處規模不大的大學城。附近有著名的觀光名勝千島群島，大會結束後，我們也順道乘船遊覽美麗的湖光山景。

Kingston大學是一所有百年以上歷史的傳統名校，大會場地便是向校方租借的。與會者住的是學生宿舍，用餐在學生餐廳，演講與分組討論則利用大講堂及教室進行。

歐美的私立大學通常都會將校內的各類設施租借給外界需要的團體，收取一定的場地使用費，藉以補貼學校財務。八月三日到七日之間，在波士頓附近的普羅維登斯舉辦的美東夏令營，也是向屬於長春藤聯盟的布朗大學租借場地舉行的。

有關這次大會的經過，當地的同鄉會訊上有詳細的報導，不過在日本似乎還缺少宣傳的機會，在此向諸君略作介紹。

七月一日（週五）

晚上七點～九點三十分　開幕典禮

晚上九點五十分～十一點五十分　歡迎茶酒會

七月二日（週六）

上午八點半～十點二十分　海外台灣人社團報告及演講會（台灣人權協會、北美基督教教會聯合會、台灣語文推廣中心、全美台灣同鄉會、台灣人民自決運動等）

上午十點三十分～十一點五十分　分組討論會（「台灣人權運動」「台灣宗教團體及信徒的使命」「台灣文化的認識及第二代的教育」「台灣及中國問題的研究」）

下午二點三十分～三點三十分　綜合討論（台灣獨立聯盟主席張燦鍙演講及自由討論）

下午三點五十分～五點三十分　世界台灣同鄉會理事會　加拿大台灣同鄉會年度大會

晚上八點～十點三十分　台灣之夜（民謠合唱　舞台劇　舞蹈　布袋戲　波士頓交響樂演奏

鋼琴獨奏等）

晚上十點三十分～十一點五十分　交流聯誼活動

七月三日（週日）

上午八點三十分～九點五十分　專題演講（王成章「神學的解放與人權」、王育德「我的台灣史觀」、洪哲勝「台灣真的無法實行社會主義嗎？」）

上午十點～十點五十分　主題演講（彭明敏「海外台灣人的責任」）

上午十一點～十一點五十分　閉幕典禮

下午三點～六點三十分　千島群島觀光

筆者與郭榮桔會長夫婦參加由紐約出發的團隊，在七月一日上午九點，從第五街的市立圖書館前搭乘包租的遊覽車前往目的地。巴士橫越著名的Appalachian山脈北上，預計在傍晚時抵達Kingston。

上車之後，隨即展開自我介紹，與紐約的台灣同鄉迅速地打成一片。負責人唯恐衆人在漫長的旅程中太過無趣，不斷指名要求獻唱，或是搜索枯腸說些笑話，希望一博諸君莞爾，情況跟日本差不多。

沒想到途中卻遇上道路施工，塞車十分嚴重，好不容易到了加拿大國界，卻因爲通關手續發生一些小問題，頗受延遲，當趕到會場時，已將近九點，開幕典禮早已開始。

到場之後，同車的人隨即趕往餐廳去打點五臟廟，可是郭會長與筆者卻立刻被請到台上，先由郭會長致歡迎詞，再由我報告在日台灣同鄉會的活動近況。

好不容易捱到開幕典禮結束，接下來是「歡迎茶酒會」的時間，心想這下總算能填填肚子了，沒想到人群卻不放過我，彷彿排隊前來認親似地，一個接一個來打招呼。

「我曾經看過您編的《台灣青年》。」

「我是您台南一中的學生！」

「《台灣》確實是一本好書！但是不知道有沒有中文版？」

「我曾唸過明治大學的研究所。」

「前台籍日本兵的賠償問題眞的能解決嗎？」

「您的夫人跟我是親戚！」

同一時間要跟數以百計的台灣人交談、握手，這是我從來沒有過的經驗。

雖然絕大多數的朋友都是初次見面，不過其中也有三十多年未見的老友，例如林宗義博士便是。雖然歲月在他臉上留下痕跡，但是美目秀麗的輪廓卻一如往昔。

「終於見到你了！終於見到你了！你眞的不簡單！」

博士邊說還邊淌著淚水。說起來，林博士與筆者都是二二八遺族會的重要成員。博士的尊翁便是鼎鼎大名的台灣大學文學院院長兼《民報》社長林茂生先生，亡兄在辭去檢察官之職後，曾擔任《民報》的法律顧問。博士年少時與亡兄同樣進入台北高校普通科就讀，後來應屆考上東大醫學部，可說是難得的人才。長期以來，他一直任職於WHO，現在除了擔任溫哥華大學的教授之外，還兼任世界精神衛生學會的主席。他同時也是台灣自決運動的四位發起人之一。

他在日內瓦燒毀蔣政權的護照，公開宣稱自己是台灣人的往事，如今已成為海外台灣人口耳相傳的傳奇。筆者心中一直有個想法，如果還有機會與博士碰面的話，一定要將此事問個清楚，此外筆者還想知道林茂生先生過世前的種種，以及自決運動的詳情。

「其實我本來還在猶豫要不要來，後來聽說你要來演講，我才下定決心來這一趟！」

聽林博士這麼一說，心裏不禁有些緊張，看來如果不好好表現的話，可能要讓不少人失望了！

在大會期間，我們總是一起用餐，有許多年輕一輩的留學生始終圍繞在我們身邊，林博士看著這些台灣的新生代，總不忘這麼說道：「你們千萬不要忘記，王先生可是我們台灣人的一塊瑰寶！」

儘管從高校時代起，我對林博士直爽的個性便瞭若指掌，但是今日被他如此褒讚，還是難免感到有些難為情。

這次大會的出席人數多達七、八百名，不僅內容紮實，安排緊湊，各項相關事務亦井然有序，可說是最成功的一次年會。

這當然首要感謝蔡明憲會長，以及全體加拿大台灣同鄉會的會員，全力投入舉辦這場年會，才能有如此完美的成果。

由於這次大會所有行程皆安排在Kingston大學內，因此主辦單位的全體人員也夜宿於此，與遠道而來的台灣鄉親們充分地進行交流。

在此，最不能漏掉要告知各位的是，宴會上令人食指大動的一道道台灣佳餚，據說是主辦單位專爲這場盛會，好幾天前便動員多位會員的賢內助，預先準備好材料與料理，然後冷凍起來，等到宴會開動才一起上桌的。

第二點，在大會舉行前一個月，亦即六月十四日，美國衆議院召開台灣人權公聽會，會中邀請兩名剛由島內逃出的貴賓——張金策及吳銘輝先生，當場揭露蔣政權在台灣打壓人權的惡行。這股效應也對世台會年會帶來正面影響。

如果張、吳兩位先生也能夠出席這場年會的話，相信將會增色不少，無奈兩位先生才剛抵達美國，要辦理加拿大的入國簽證確實有困難。

第三點，當時美國國務卿龐斯預定於八月訪問中國，台灣地位問題再度成爲海內外注目的焦點，台灣人的危機意識再度升高。

震驚全場的「祖先海盜論」

在大會進行的三天期間，由於參加年會的機會難得，再加上我自己也被安排要上台發表演說，因此從頭到尾都待在會場，以便掌握大會的進度。當中雖然安排了許多看似嚴肅的節目，但是卻絲毫不會令人感到厭煩或冷場。

台灣人確實人才濟濟，相信參加過這次大會的人都不會否認。每一位上台報告的演講者不僅台風穩健，內容涵蓋的範圍也極爲廣泛。「台灣之夜」中出場演出的孩子們更讓人覺得欽佩。儘管生活在異國嚴苛的環境中，反而磨練出不屈不撓的個性，在才藝方面培養出過人的造詣，他們的成績可說有目共睹。

然而令人遺憾的是，具備如此優秀資質的台灣人，爲何無法建立屬於自己獨立的祖國，卻要被迫淪落在海外流浪？

終於到了筆者要上場的時刻了，全場掌聲似乎特別響亮。講台被聚光燈照得通明，不過還能辨識出聽衆的表情。孩子們有另外的節目，被安排到其他地方去了，感覺得出來，在場的人都是有意識地前來聽講。

「這是我第一次訪問加拿大和美國，所到之處都受到熱烈歡迎，更受到許多朋友的鼓勵。內心有種難以言喻的感動，覺得十八年來的運動確實沒有白費！事實上，我恨不得明天就能飛回日本去，把在這三天之中親眼所見的盛況，向留在日本的同志們報告，尤其是這二十八年來，不斷在背後支持我，當然也不忘埋怨沒帶我的內人來，讓她分享我心中這份無上的喜悅與感動！」

當我提到太太的時候，全場氣氛似乎與有同感地喧騰了起來，可以明顯感覺到，講者與聽衆之間開始醞釀出微妙的默契，我心中的緊張也減輕了一大半。

「如今我想知道的是，各位在觀賞亞力克斯・海里的《根》之後，究竟有什麼感想？我還沒有機會拜讀原作，電視改編作品也無緣得見，但是光從日本文化界的強烈反應來看，我確信這是一部足以撼動人心的作品！」

但是後來我才發現，當時旅居美加的台灣人似乎並未特別注意到《根》這部作品。只在一次偶然的機會中，聽到某位獨立運動者提到：「我們應該效法昆塔金特那種以自己名字為榮的驕傲！」

「難道台灣人對自己的『根』完全沒有興趣嗎？如果眞的有意要追尋自己的根，又該往何處去追尋呢？難道台灣人只能接受中國人強迫推銷給我們的黃帝祖先？還是達爾文說的猴子祖先？」

看來大家並不覺得這是個笑話，場內的掌聲稀稀落落的。

「我認為並沒有這種必要！眞的要追溯台灣人的根源，回溯到福建、廣東沿海來台的初代移民即可！就是開拓我們台灣的第一代祖先！換句話說，也就是台灣人所開創的四百年歷史！」

筆者確實是有意強調這一點的，希望對仍舊沉迷於「漢民族四千年歷史」的台灣人有些許儆醒與間接批判的作用。

「人類爲何必須研究歷史？因爲歷史的起點是人類爲預測未來的發展，對過去所進行的一種回顧。歷史是一種經驗哲學，藉由對過去事物的研究，開始對未來產生模糊的概念，也就是溫故知新的意思。但是歷史絕非各種知識的大雜燴，所以必須發展出一個足以貫通古今的史觀才行！而且發掘越多史實，對史觀的建立越有俾益。人類亦得藉此修正舊有的史觀，創造出更正確、更符合科學性的史觀。」

「史書總是從統治者立場編成的。如果一個人沒有辦法從統治者粉飾太平的歷史中洞察受壓迫人民的心聲，以及他們悲慘生活的窘境，便無由得知歷史的眞實！同時也沒有讀史的資格！」

針對眼前這群自小接受中華思想教育的聽衆，筆者習慣以最簡單的台灣話，開門見山地表明自己的觀點，這也是反洗腦的第一步。此時只見全場一片鴉雀無聲。

「從過去到現在，台灣人擁有過眞正屬於台灣人立場的史書嗎？從來也沒有！所以我只好不揣簡陋，在六四年出版《台灣—苦悶的歷史》一書。當時幾乎所有日本媒體都對此書大表讚揚，然而蔣政權刻意置之不理。沒想到過了兩三年，有關台灣歷史的書卻陸續出現了（笑聲）。至於中共方面，則故意在翌年一月發行的《人民中國》中，刊載一篇旅居北京台籍人士有關台灣史的座談會記錄，當中有些人現在也跑到日本來說些莫名奇妙的台灣史觀，批評我輩是美帝與日帝的走狗，背祖忘宗的民族罪人，必欲除之而後快云云。我們可想而知，對中國人來說，以台灣人立場所寫的台灣史簡直有如芒刺在背，但我從事獨立運動也非一兩天的事，早就習慣中國人這套戴帽子的謾罵工夫了！」

我除了替自己的作品小作宣傳之外，也順便替大家打打氣，告訴他們，中國人沒什麼可怕的。

「那麼我們的祖先究竟是些什麼樣的人呢？沒錯！就是海盜！也是所謂的羅漢腳！」

只見台下傳出陣陣靦腆卻又會心的笑聲，同時間響起熱烈的掌聲。

「無論是海盜或羅漢腳，都沒什麼好驚訝的。如果用現代的術語詮釋，他們就是所謂的反體制份子，更是充滿勇氣的冒險家。他們是對中國大陸徹底失望後，爲追求自由的天地才渡海來到台灣的！正如同英國人驕傲地說他們的祖先是海盜，我們應該向他們學習，挺起胸膛，勇敢地說出我們的祖先是海盜！」

大家似乎開始接受我的論點了，掌聲較剛才更響亮了一些。

我非常清楚，有部分台灣人在談到祖先時，總喜歡攀附中國歷史上的名人，例如姓王的人便自稱是唐末五代時創建閩王國的王審知的後裔，姓陳的則號稱是西元七世紀時開拓漳州的陳元光之後。

這對現在的台灣人根本毫無意義！這種時代倒錯的優生血統主義，不僅腐壞台灣人的意志，更讓對岸的中國人暗喜與竊笑。

「試想一下！以當時的船隻規模及幼稚的航海技術，要橫越暗潮洶湧、颱風肆虐的台灣海峽而來到台灣這片新天地，究竟需要多大的勇氣？」

接著我開始說明，「台灣海峽」是帶有學術指涉意味的文辭，我們的祖先通常把它稱作「烏水溝、紅水溝」，橫渡海峽就叫做「橫洋」，成功或失敗只能聽天由命，唯一能依靠的就是媽祖的庇祐。通常，不論男女老幼，只要提到語言或民俗的話題時，都會無條件地靜下來傾聽。

「那麼，大家認爲什麼階層的人會渡海來台灣呢？《續修台灣縣志》的作者謝金鑾曾經提到這一點：行事謹慎的人不敢來，有妻小家眷的人不想來，士農工商各行各業現已安身立命者不願來！那麼，答案已非常清楚了！」

此時全場早已哄笑成一團。

「來的都是一些無處可去的人，比如說在逃的通緝犯、做了虧心事的人，或是沒有工作走投無路的人！說得簡單些，就是所謂的羅漢腳！」

在衆人的掌聲與叫好聲中，我不得不一句一句被迫中斷。

「在日語中，『移民』事實上即等同於『棄民』！儘管現在島內的台灣人都把你們當作羨慕的對象，回到台灣，也被吹捧爲風光的『海外學人』，然而一旦時代改變，你們將成爲衆人唾棄的懦夫！」

現場再度引起一陣騷動。

「正如剛才我所說的，我們的祖先確實具有超乎常人的勇氣！在高山族不時出草的壓力下，一步一腳印地勤勉工作，與瘧疾、毒蛇等奮戰，最後才將這塊瘴癘之島馴化成今天的美麗寶島。我認爲，我們應該以擁有如此偉大的祖先而驕傲！」

滿足與不滿

接下來談的是台灣人定義的問題。由於「漢民族」一詞十分容易引起誤解，所以筆者在說明時選擇使用「漢族」。舉個簡單的例子，正如同盎格魯・薩克遜族同時分有英格蘭民族及美利堅民族一般，漢族也同樣在歷史洪流中分出中華民族與台灣民族。針對民族一詞的定義，所有辭典都有不同的解釋，但是筆者以爲，只要是在地域、政治、經濟及文化等各項因素的自然劃分下，形成一群人的命運共同體意識時，便是一個新民族的誕生。

在台灣人之中，無論如何都要堅稱自己是中國人的人，我們希望他能早日回去中國。如果還希望繼續留在台灣的話，則以華僑待之。而對於願意徹底成爲台灣人的中國人，我們也不吝於接納。這些可說是筆者從前在《台灣青年》上發表過的「台灣民族論」的濃縮版。

「美國人的歷史與台灣人的歷史有許多相似之處。唯一不同的是，美國人早在兩百年前便已完成獨立。原因在於當時的美國人能夠團結一致，共同反抗英國的苛政之故。而我們的祖先卻始終無法團結，有閩粵之爭，又有閩系的漳泉之爭，分類械鬥可說從未間斷！中國人老是批評我背祖忘宗，我從不否認，像這種令人難堪的祖先，說實話，不要也罷！」

場內似乎瀰漫著一股沉痛的氣氛。

「正因爲我們的祖先無法團結對外，所以台灣人直到今天還無法獨立！從荷蘭人、鄭氏王朝、清帝國、日本到蔣政權，台灣始終接受著外來政權的統治，台灣人也從未脫離奴隸的命運。剛才我雖然大言不慚地批評，我們的祖先是一群無用的內鬥者，但是我深切地希望，將來可不要讓後代子孫對我們做同樣的指責！」

全場響起一片如雷貫耳的掌聲。

接著，筆者在聽眾面前，靠記憶唸出台灣史上各個外來統治者的交替年代。同時向大家強調，荷蘭時代是外來政權首次在台灣確立的時期。繼而提及清帝國時代「三年一小反，五年一大反」的激烈抗爭，說明台灣人確實具有不屈不撓的反抗精神，以及清帝國時代殖民統治的本質。

針對筆者的台灣史觀，中國人的報章雜誌最感冒、且提出最多攻擊與非難的，即是我將鄭氏王朝視爲外來政權。事實上，鄭成功始終打著「反淸復明」的旗幟，與蔣政權的「反攻大陸」毫無二致，完全無視於絕大多數人民試圖在台灣開闢新天地的願望，這一點即足以證明其外來政權的本質。

一般台灣人民習慣將鄭成功尊崇爲「開山王」，對於這份情感，筆者並非全然不知，除了他本身剛正不阿的性格之外，鄭成功還立下「十年生長，十年教養，十年成聚，三十年與中國一爭天下」的誓願，積極向南北開拓田地，鼓勵台灣與日本、南洋之間的貿易往來，這些大多是朝中重臣陳永華的功績，而後人卻習慣將鄭成功當作該時代的象徵，故尊稱其爲「開山王」。

原本筆者預定對日本統治時代多所著墨，想盡可能扭轉大家對帝國主義侵略的既有成見，最後再談談二二八事件。沒想到才剛把淸帝國時期交代完畢，已超過預定時間十分鐘，最後只好再度呼籲台灣人民須團結一致，才勉強將演講做個結束。原本預定的內容無法完成，難免感覺有點遺珠之憾，但總的來說，表現還算差強人意。

其實當天演說的內容，大多已在《台灣—苦悶的歷史》上發表過，如果透過文字閱讀，應該更能有系統地瞭解筆者的論點，不過年輕一代大多不諳日文，再加上少有人從事啓蒙宣傳的工作，因此絕大多數的人都是第一次聽到類似的說法，還頻頻向我表示感謝之意，這反倒使我感到有些意外。

在這場演講之後，「台灣人的祖先是海盜」這句話簡直成了我的註册商標，在我後來陸續參訪的地方，經常與當天在場的聽衆不期而遇，他們總不忘提醒我：「那天在Kingston的演講好極了！眞希望能有機會再聽一遍！」

限於篇幅，在此無法對其他講者多做介紹，然而無論講題爲何，始終一貫的是追求台灣獨立的精神，在這一點上，那些極盡攻訐能事的中國流氓倒是沒有說錯。但這絕非台獨聯盟刻意操縱的結果，而是自我認同身爲台灣人者，沒有不渴望追求獨立的。

不過最大問題還是在於願望與實踐之間的大鴻溝，而且實踐本身也有程度不同的差別。不可否認，旅居歐美的台灣人確實具有較高度的政治意識，我這趟難得的北美之行也頗有鼓舞作用，但現實中仍存在許多不得不面對的課題。

無論國民黨政權的宣傳多麼動聽，倘若無法面對危機，採取積極有效的行動或措施——台灣獨立或民主化，眼前的困境就難有解決的一日，吾輩不該有絲毫的鬆懈。

（刊於《台灣青年》二〇九期，一九七八年三月五日）

（李明峻譯）

之四：

對台灣話的群體認同

混合式的語言生活

一九七六年夏天，我特地安排小女到美國去玩，沒想到她卻寫信回來大加抱怨，說她參加洛杉磯同鄉會年會時，根本聽不懂演講的內容，更讓她尷尬的是，有時全場哄堂大笑，只有她一個人不知該如何是好，她還強調這輩子從來沒有這麼難受過。

說來這也難怪，從出生到成長階段，她一直都待在日本，不懂台灣話確也情有可原。但是在美國的台灣朋友們似乎卻不如此認爲。

有人甚至還語帶諷刺地說道：「沒想到連王先生自己的孩子，竟然也不會說台灣話！」

事實上，雙語教育一直是台灣家庭必須面對的問題。在日本統治時代，歷經長期的日語強制教育後，好不容易才開始有台灣人能嫻熟地使用日本話，沒想到歷史卻開了台灣人一個大玩笑，這回輪到了中國話的強制教育，對於被迫流落歐美各國，過著流亡生活的台灣人而言，其痛苦可說更爲深刻。

唯有台灣獨立，台灣人才能眞正從這種語言的苦業之中解放出來。在這個理想實現之前，每個人似乎只能八仙過海，各顯神通。筆者家中採取的是自由放任主義，聽來似乎煞有其事，其實因爲我自己整天忙著研究與獨立運動，對於孩子們的教育，一直有不夠用心之嫌。

但是在內心深處，我始終有個強烈的願望，希望自己的孩子能夠徹底學會一種語言，以眼前的環境而言，無可避免地，第一優先當然是日語。否則像筆者一般，台語能力有限，日語的表達也不夠完全，必須將兩種語言混合起來，才能夠百分之百表達自己的思想與情感，總覺得有些無奈與遺憾。

幸而，小女的日語能力遠在我之上，連腔調也與日本人無異，每次聽到女兒說的日本話，心中總會充滿莫名的滿足感。不過她付出的代價是，台灣話只能大略聽懂一半，開口的能力更差，說得出來的只有少數隻字片語，不過，這也是無可奈何的事。

生活在日本，我一直未曾深入思考這個問題，直到這次的美國行，我才被迫針對台灣人的語言問題做進一步嚴肅的思考。

在此想談談當時在紐約州的某個大學城，受H教授招待到府上暫住時的體驗。經過長時間的巴士旅行，我下車步出車站後，才發現H教授已經等候多時，他見到我的第一句話是：

「Kazuko一定很高興見到您！」

後來我才知道，原來Kazuko是H教授的夫人，漢字寫作「和子」，她是在關西出生的台灣人第二代。生長的背景跟我的女兒可說相去不遠。

H教授夫婦育有一對兒女，他們通常用英語和孩子們交談，而夫妻之間也是用英語對話。這是因爲一方慣用的是台灣話，另一方慣用的是日語，兩相妥協之下，才產生如此的結果。

教授夫人是一位個性溫柔的美人，但是在語言使用上，似乎有其固執之處。由於家中久未有通曉日語的客人造訪，而且還能夠提供許多日本最新的話題，看得出夫人十分高興，一直主動與我交談，H教授卻只想跟我多聊些嚴肅的政治問題，兩個人簡直就像爭看電視的孩子一般，害我這個第三者不知如何是好。

當天的晚餐，夫人費心準備了難得的日本料理——甜不辣、燙拌青菜、海苔、佃煮、味噌湯等，都是一些家常菜，但是我覺得好吃極了，滋味遠勝紐約的紅花、中川和吉兆等大餐廳。

第二天晚上，趁著我還沒演講之前，教授特別商借了當地大學的學生聚會場地，舉行一場聚餐會。這裏的台灣人本來就不多，到場的人數，男女老幼加起來才不過二十人上下。看來大家也是趁著這個機會，相互聯絡聯絡感情的。

每個家庭都必須準備一道拿手菜，用餐時採取自助餐的方式，如此一來，不但種類變化多，還能適當地控制菜餚的份量，思及此處，不禁佩服起主辦者的智慧。

不過更吸引我的是大家談話的內容，一聽之下，筆者發現非常有趣的現象，成人之間多用台灣話交談，孩子們則習慣用英語，大人跟孩子的溝通，則同時夾雜著台灣話和英語。只見Kazuko女士一個人跟其他的太太用英語交談。即使身處美國，能流暢操用英語的台灣人也不多，看著她們用彼此都不十分熟悉的英語溝通，內心不禁有些難過，這樣眞的能達到情感交流的目的，建立人跟人的親密感嗎？

臨別的時候，筆者爲了感謝這對夫婦的熱情款待，特別向Kazuko夫人保證，回到日本之後，一定盡快寄上一套自著的《台語入門》及練習錄音帶。

「眞有這麼方便的東西嗎？那就先謝謝您了！」夫人一聽，不禁雀躍了起來。

郭榮桔會長的千金雖然同樣是在日本出生的第二代，卻在遠嫁美國之後，學得一口流暢的台灣話，簡直令人刮目相看。雖然還稱不上十分流利，但是一字一句，確實是中規中矩的標準台灣話。她總是客氣地說這是我的功勞，但是光靠筆者的那本入門書，絕對不可能進步如此神速。

究其原因，或許這和她的夫婿擔任紐約台灣同鄉會會長有關，因爲在許多場合都有跟台灣人接觸的機會，此外，她曾經有一段時間跟婆婆同住，這應該也是一個重要的因素。

雖然旅居美國的台灣人締結異國婚姻的例子並不多，但還是有少數的例外。無論是台灣的男性或女性，跟異國人士結婚之後，通常都毫無條件地使用英語溝通。如此一來，即使夫婦相偕出席同鄉會，也往往無法溶入會場的氣氛，夫妻之間也會擔心對方的感受，久而久之，便難免與同鄉會漸行漸遠了。

反觀日本的台灣同鄉會，情形大不相同。台灣人與日本人結婚的例子俯拾皆是，而在各種公開場合，日語自然成爲公用的語言。

當筆者準備離開休士頓，搭機前往達拉斯的時候，C先生還專程開車送我到機場，臨別之前，兩個人還在機場大廳聊個不停，不意身旁一位女士卻開口問道：「您兩位應該是台灣的同鄉吧？我也是台灣人！好久沒聽到這麼親切的台灣話了！」

仔細一瞧，是一位頂著蓬鬆捲髮的女士，化妝、打扮也極爲濃艷。

「咦！妳也是台灣人？」本來我們還以爲她是中國人、越南人或韓國人，畢竟從外表上確實不易分辨。

「是啊！這位是我先生，我們還是在台北結婚的呢！」

說著，她還爲我們介紹身旁的GI氏。看來是個不錯的美國人。

「對了！您要去哪兒？」

「要回El Paso去探望先生的父母！」

一起上了飛機之後，翻開旅行地圖一看，才知道El Paso在德州的西南端，與新墨西哥州相鄰，同時與墨西哥的國界連接。原來是個最偏遠的邊境城鎮，雖然沒機會實地造訪，不過我似乎也能夠想像當地的風情。當地恐怕沒有其他的台灣人吧！跟GI氏結婚之後，一名台灣女性不得不遠赴El Paso這種僻地小城，如果公婆喜歡她的話還好……該怎麼說呢？我突然對女人的命運感到一股莫名的哀愁，是韌命的油麻菜籽還是悲哀的失根浮萍？

我在達拉斯下飛機，經過她的座位時，她對我揮了揮手，祝我「一路平安」。我也自然地脫口而出：「再會！」不過後來心中卻有一種感覺，那樣的場合，或許說日語的「祝幸運」會更合適些。

台灣話共同體的形成

在這次的旅行中，看到美國及加拿大的台灣人團體，台灣話宛如國語一般，成爲衆人自豪驕傲的公用語言，內心受到深深的感動。當我溶入他們之中，尤其在談論一些非政治性的日常話題時，往往會產生一種錯覺，誤以爲自己已經回到獨立之後的台灣。

但令人好奇的是，爲何他們能建立起如此難能可貴的台灣話社會呢？難道這些人早在台灣時便是操用台灣話的能手嗎？倘若果眞如此，那眞的太令人興奮了！這證明蔣政權在台灣推行三十多年的中國話教育及中國話普及運動，終究只不過是表面工夫罷了。

但是從同年齡的留日學生身上，筆者卻得到完全矛盾的印象。這些留日的台灣學生平常多習慣使用中國話，只偶爾夾雜幾句固定的台灣話詞彙。

這倒也無可厚非。回想生長在日本時代的我自己，雖然在家裏說的是台灣話，但與朋友在一起時，還是比較習慣講日本話。這也間接印證教育的力量確實難以抗拒。如此推論起來，這些旅居美加的台灣人，應非原本即具有如此優秀的台灣話表達能力才對。

當然也有例外的情況。譬如父母都具有強烈的台灣意識，從小即接受徹底的台語家庭教育的人，或者是少數充滿反骨精神的學校(筆者記得曾經在報上看過這樣的消息，在南部的某些中學，如果學生聚在一起說中國話，便會遭受學長的處罰)的畢業生，應該比一般台灣人更能流暢地說台灣話。

事實上，這些人的存在極爲重要，但如果他們能順利進入同鄉會的話，理當能馬上發揮火車頭的功能。

如果只是程度平平，即使聚集再多同伴，也無法達到彼此刺激成長的目的。這個道理，用在語言、圍棋或象棋的學習上也一樣。如果久久不能進步，難免會產生挫折感，最後又會回到中國話的老路上。

正如同學棋必須按部就班學習一定的棋譜或棋法，學習台灣話也必須從發音開始，慢慢地進入語法表現的層次，如果有程度較好的人引導，給大家帶來正向的刺激，一點一滴的進步，將使學習者逐漸產生對台灣話的自信。

筆者一直很好奇，難道美加地區針對台灣話的學習，還特別設有學習教室嗎？不過直到旅行結束爲止，我一直忘了提出這個問題。不過根據我的判斷，答案應該是否定的。

畢竟大家各自都有繁忙的工作及家庭生活，而且住處往往分散各地，偶有名人的演講聚會，還能夠設法撥出時間參加，但是時間較長的固定學習聚會，恐怕現實上有困難。

而且教學與平常會話之間又有差距，說話的高手並不一定就是好的老師。何況在教材與辭典等教學工具方面，目前仍還是十分窘迫的狀態。

另外一個原因是，台灣人似乎有個奇怪的癖性，往往不願直率坦認他人在某方面的權威，反而表現出一種莫名的驕傲與不屑。

就我自身的經驗來說，有時我發現後輩的日語或台語有些小錯誤，即使提出糾正，十人當中便有九人不願改正，甚至還會找一些似是而非的理由辯解。我的一片好意不僅得不到感謝，甚至還惹來人家的不滿。所以最近筆者也開始學著安靜一點，不要隨便開口指摘別人的錯誤。

在美國與加拿大，台灣話已成爲台灣人彼此間的族群認同準則。能不能說台灣話成爲區分台灣人與中國人的最便利方法。二二八事件發生後，當台灣人群起反抗暴政時，便是利用台灣話來分辨敵我。如果遇到腔調有些奇特、操著類似廈門話的人，則要求對方唱「君之代」

以驗明正身。

但如今距離二二八發生已過三十個寒暑，情況已有所改變。有些台灣人甚至開始標榜自己是中國人，在美國有所謂的「併吞派」，在日本則是有隸屬於「台灣省民會」的共產主義者，還有就是甘爲蔣政權馬前卒的華僑總會幹部。

這些人對「台灣人」這個字眼十分忌諱，刻意用「台灣省民」、「台灣籍民」或「台灣出身者」來取代，對於自己的母語也拒稱爲台灣話，而故意拐彎抹角地稱之爲閩南語或廈門話。

筆者以一位語言學者的身份保證，這些人的口音縱使能騙得過中國其他省份的人，卻絕對瞞不了福建人的耳朵，無論音韻、詞彙和語法，兩者之間都有微妙的差別。

誰也無法否認，台灣話確實是閩南語傳到台灣之後所產生的分支，但是兩者分道揚鑣，歷經四百年的變遷之後，彼此間產生差異是極爲自然的事。

有人以爲，兩者之間不是也能溝通嗎？但是在這種場合，光能溝通語意並不夠，重要的是兩者在心理上的分別與扞格。舉個簡單的例子，雖然台灣人說的日語在腔調或語法上有些怪異，但是跟日本人的溝通絕對不成問題，然而日本人會將台灣人視爲自己的同胞嗎？相反地，廣東人和上海人的語言雖然不通，但是跟台灣人比起來，前兩者在心理上卻有個共通點，那就是同爲中國人的自我認知。

如今情況又有新的變化了。由於中國人來到台灣的時日已久，不少人已習得一口流利的台灣話。在Kingston大會的第二天早晨，當筆者在河邊散步時，偶然邂逅了一位同樣早起的台灣人，若非對方主動暴露身份，說他是在台灣出生的中國人第二代，筆者還誤以為他是百分之百的台灣人呢！

倒是對方對筆者的情況十分瞭解。他還提出疑問道，如果有一天台灣果眞獨立，像他這樣背景的中國人，將會遭逢什麼樣的命運。接著他還語帶抱怨地說，他是以台灣人的立場與心態出席這場大會的，但難免還是會受到一些異樣的眼光云云。

筆者聽罷，也只能設法安慰他，對方也順勢回應道，如果台灣人都像王先生這樣就好了。後來有兩三個人提醒我，說這個人是蔣政權的特務，他的任務便是針對這次大會進行監視與採證，但我一時間還是很難相信。

情況雖然變得愈來愈複雜，不過對於台灣人的族群認同，台灣話基本上還是一個普遍適用的原則。

操說台灣話的同伴集結在一起——這便是遷往南洋發展的華僑以及移民到台灣的我們的祖先，形成相互扶持的命運共同體的精神基礎。只要這個共同體形成之後，所有後來的加入者都必須遵循這個原則。

這裏筆者再舉個自己的體驗為例，這次我拜訪美加各地，自覺台灣話確實進步許多。因為交談的對象都使用台灣話，因此我也不得不用台灣話應對。雖然稱不上是舉一反三，卻也被迫把過去忘記的東西回憶起來，甚至嘗試使用許多新字，總算還保住了面子。此外，這趟旅行也讓我塵封已久的英語有再度練習的機會，不過回到日本之後，似乎又回到原點了。

雖說台灣人對台灣話的認同與使用是極其自然的事，但實際上也是有意識的操作。必須一般人都具備基本的台灣話程度，才有辦法發揮最低限度的傳播功能。

事實上，對這些旅居美加的台灣人而言，不少人還是以使用中國話較爲輕鬆，尤其年紀愈輕者，接受中國話教育愈徹底。但是進入這個生活共同體之後，卻自主地遵守共同體的遊戲規則，有意識地避免使用中國話（筆者發現在家庭中，太太們經常跟先生以中國話交談）。

對台灣人而言，中國話是支配者的語言，好不容易來到海外的自由天地，企圖掙脫支配者語言魔咒的自覺，似乎超乎想像地強烈。

語言的鬥爭自始即存在著，至今仍舊持續不斷，而且戰況有愈來愈升高的趨勢。另一方面，戰線亦從口語流暢洗鍊的要求，延伸到文字書寫方式的確立。此外還有與客系台灣人之間的語言溝通問題，甚至遠至獨立之後的國語政策問題也開始被納入討論。

戰線擴大到這個程度，已經超出一般人想像的範圍。眼前，主要參與者以台灣語文推廣中心的人爲主，筆者也曾與他們進行各種討論，不過在現實條件限制下，大都還停留在紙上談兵的階段。

面臨各種難題

對每個台灣人而言，如何培養台灣話流暢的口語表達能力，確實是極爲切身的課題，凡有心者都不應稍有懈怠。

而最讓筆者感動的，莫過於在Kingston大會第二個晚上，負責主持「台灣之夜」的司儀——加拿大同鄉會的K先生，他那變化無窮的口語表現，正足以作爲學習台灣話的範本。從正確的發音、豐富的語彙、巧妙的修辭，到無所不至的幽默感及連篇妙語，簡直就是天才的演說家。

另外還有一位紐約的D先生，也是台灣語文推廣中心的重要成員。他除了負責撰寫戲劇腳本及導演工作之外，他那一套「拍拳頭賣膏藥」的台語口白功夫，少有人能望其項背。

每次聽到他們說的台灣話，我就忍不住要泫然淚下，因爲那已經是口語發展的一種極致表現。二十八年來，我一直無法回到台灣，沒想到這次來到美國與加拿大，竟然還有機會親炙如此道地的故鄉話，人生的幸運莫此爲甚。

話說回來，由於台灣話一直被限制在日常生活的範疇，因此每逢說明新事物或描述抽象理論時，總會遇到詞彙不足的窘境，讓人頗感不便。而年輕人原本所知的語彙即有限，其面臨的困境可想而知。

不過這種問題可以藉由吸納外來語的方式加以補救。無論是由中國話直譯，抑或直接借用英語的音義皆可。筆者發現一般人的家中都置有英漢辭典，看來大家似乎都有類似的想法。

但是這種急就章的方式卻會產生兩個無可避免的弊病。第一是新造詞的音韻難以決定，由於目前尚無可茲遵循的統一法則，因此多少會出現混亂的情形。其二是當新造詞眞正溶入衆人生活之時，彼此的溝通難免會有鷄同鴨講之虞。

在台灣話表現能力的提昇上，包含前述的新造詞問題，教會的牧師確實扮演了極爲重要的角色。

無論是美國或加拿大，只要是較大的都市，通常都會有台灣人教會。有些是台灣人自身籌資興建的教堂，有些則是借用白人的教堂。不過據說這些寄人籬下的教會也有募款的活動，以便將來能夠興建屬於自己的教堂。

一般說來，這些教會都有專屬的牧師，由稱做「長老」的教徒代表負責遴選聘任。這些牧師通常都是出身於台灣神學院的年長者，因此他們的台灣話可說是字正腔圓。不過較令筆者介意的是，這種教會式的台灣話似乎有一些特殊的習慣用法，不少語詞是依照羅馬字的拼法（或許因為教會有許多此類文獻之故？）直接發音，聽來多少有些不慣。

不過這只是瑕不掩瑜的小缺點。相對於台灣而言，美加是文明先進的國家，因此牧師們在傳道的時候，不可避免地須要引用社會上的新事物，再加上教徒們多是高教育水準的知識份子，因此嘗試各領域的新造詞，以及陳述、說明層次較高的理論，便成為當地牧師們必須努力的課題，而這些努力的成果，也將對全體台灣人產生影響。

至於獨立建國後的國語政策，出人意外地，大家似乎不約而同地達成共識，亦即所謂複數國語的方式。台灣人包括福佬系及客系兩大族群，再加上原有的高山族，至少需要三大類的國語。另外兩百萬的中國人，預料絕大多數都將以新台灣人的身份繼續留在台灣生活，因此也有人認為應該繼續保留中國話。

理想固然完美，但現實卻困難重重，誰也沒有勇氣去揭穿這一點。眾人間似乎有著不成文的默契，反正這是獨立之後的問題，何妨暫且按下不談。

而最令人傷腦筋的，首推客系與福佬系之間相互理解的問題。從前《台灣青年》剛開始連載「台灣話講座」時，就曾經因語言的定義問題飽受爭議，有讀者抗議表示：「您所謂的台灣話只不過是福佬系台灣話，至少應註明一下才對！」

或許那些抗議的朋友看到本篇的標題，又忍不住要發發牢騷了！但是筆者絕對沒有刻意忽視客系台灣人的意思。

只不過福佬系的人數原本即遠多於客系（八五%比一五%），因此無論從習慣用法、語意或語感來考量，將福佬系台灣話通稱為台灣話，其實並無可議之處。然而為了避免招致不必要的困擾，特別加註說明也無不可（拙著《台語入門》中亦如此說明）。

對於這個問題，此次Kingston大會事前已有周延的考量，會前即明文規定，出席者可同時使用福佬系或客系台灣話發言。只是理解客系台灣話的人數較少，因此大會特別設有即席翻譯人員。會中有位客系台灣人表示，自己較習慣使用中國話發言，因此希望用中國話提問，主席亦裁決同意其發言。只不過當他說話時，原本全場熱烈的氣氛似乎驀地冷卻了下來。雖然大家始終將這個問題放在心上，也願意坦誠去面對，但問題畢竟無法馬上解決，因此目前只能任其自由發展。

筆者竭誠希望客系族群能夠多宣揚自己的母語，積極發表相關論文或意見，如此方能促進彼此間的瞭解，同時擴大台灣文化的面向，這對台灣未來的發展實具有非常重大的意義。

不過眼前帶給最多人困擾的，應該是台灣話的書寫問題。

理論上，用台灣話說，當然也應該用台灣話書寫，而且許多人也希望如此，然而實際上絕大多數的文章都是以中國話發表，甚至連台獨聯盟所辦的刊物《台獨》亦然，各地的同鄉會訊、教會通訊亦復如此。這難免讓人有功虧一簣之憾，不過大部分人似乎認爲文字只不過是一種手段，並未十分重視此一問題。

問題重點在於台灣話一直未能建立起標準的書寫法。在大正末年及昭和初年的文化運動中，曾發生一波打倒舊體詩、推行白話文學的運動，而且從白話文學運動中，更誕生了主張台灣人主體性的台灣新文學運動。結果在運動的最高潮卻遭逢台灣話書寫的問題，致使運動的發展陷入瓶頸，這可說是寶貴的歷史教訓。

台灣話的書寫並非無法實現的夢想，使用漢字或教會羅馬字皆可（五十年前漢字派與羅馬字派曾發生激烈的對立），但兩者也有其不可否認的缺點，至今仍無合理的解決之道，延緩了書寫台灣語文的進程。

如使用漢字來書寫，大約有二〇%的詞彙無法找到適當的漢字。其中有些是語源無法可考，或是過於冷僻的怪字、難字，不易為一般人所接受，還有一些是擬聲語或擬態語，原本便非源自漢字的用法。遇到這種字詞的時候，通常多採用同音字權宜充數，但是卻容易造成他人閱讀上的困擾，最後導致使用意願的降低。

至於教會羅馬字方面，對於習於表意文字的人而言，剛開始的第一步特別困難。同樣的道理，中國雖然同時設有羅馬字與簡體字兩套系統，但簡體字的使用遠較前者普及，而且羅馬字過去是教會的專利，非基督徒難免會有抗拒的心理。

追根究底，還是使用效率的問題。如果以台灣話為文寫作，無論採用漢字或羅馬字，不僅寫作者自己辛苦，讀者也倍感吃力。目前在台灣，從國小到大學教育，使用的都是中國話，而且各類辭典與工具書也較為齊備，最終，還是輕鬆的道路較能贏得人們的青睞。

台灣語文推廣中心

最後順便爲各位介紹一下台灣語文推廣中心。這是由海外台灣人爲推廣台灣話所籌組的「非政治性、非宗教性、非營利性」團體。會長是夏威夷大學東亞語言學系的鄭良偉教授，總幹事是漢明頓大學的李豐明先生（ＩＢＭ技師），中心除定期發行《台灣語文月報》之外，同時還發行種類繁多的教科書、錄音帶及學習卡，對台灣話的推廣不遺餘力。成員年齡多在三十到四十歲之間，大多數住在紐約、華盛頓及芝加哥。

中心對推廣活動的熱心，可說有目共睹。如鄭良偉教授在我訪美之前，便已利用暑假（美國的大學暑假通常從六月開始）的空檔，特地由夏威夷飛往美洲大陸，進行巡迴各地的旅行演講。

李豐明先生則專門負責中心的對外宣傳、出版品的促銷，以及募款等活動。只見他成天爲中心的事務東奔西走，極爲活躍，連筆者都不禁爲他擔心工作問題，詢問其夫人的結果，才知道他只要一得空閒，就全心投入中心的工作，夫人還頻頻抱怨，這個男人幾乎沒把家庭放在心上。

「您的先生的確是有些crazy呢！」我只能如此附和著。

「咦……crazy？」不說還好，聽我這麼一說，李太太簡直就要流下淚來，筆者趕忙再補上幾句自以爲安慰的話——「不……我的意思是，像我自己還不是一樣！其實這個世界不就是被人類crazy的力量所推動的嗎？」

嚴格論究起來，台灣人的毛病就是太過聰明了，說得更精準些，是「小聰明」。每個人都以爲自己比別人善於算計，篳路藍縷的開路先鋒讓別人去做，等到時機成熟時，自己再不急不徐地出來收割成果。所有人都抱持這種小聰明的結果，最終下場就是大家永遠無法脫離奴隸的命運。

缺乏瘋狂的精神，就無緣成就驚天動地的事業。幕府末期的志士們若以現在的標準來看，根本就是一群瘋子。近來的例子有三島由紀夫、台拉維夫的岡本公三，還有駕機衝撞兒玉譽士宅邸的A片演員等皆是。對日本人而言，瘋狂地從事一件工作並不稀奇，所以才能以一東洋蕞爾島國，躍身成爲世界要角之一，對於這種日本人精神，筆者唯有敬佩而已。

不過話說回來，雖然中心成員頗爲熱衷台灣話的推廣，但是除了鄭教授一人之外，其餘皆屬業餘同好，以筆者專業的角度來看，倒也發現不少小錯誤或疏忽之處。由於語文推廣中心在台灣話的世界中，其權威性勢將與日俱增，因此對於細節部分尤須注意，俾可肩負起相對的責任。

一般人偶有發音錯誤，或誤用文法結構等，實屬難免。而且眼前的要務首推獎勵台灣話的使用，因此若干小瑕疵實無可大議。

雖然我們翻開甘爲霖(William Campbell)的《廈門音新字典》，大部分問題都能得到求證，但畢竟備有字典的人不多，而且得過且過是一般人的天性，語言只要能達到溝通的目的即可，所以大家通常不會去深究這些小細節。

但是中心所發行的正式出版品卻不允許得過且過的心態。因爲一個不經意的小錯誤，很可能被擴大再生產，造成難以補救的負面影響。舉個簡單的例子，推廣中心所出版的錄音帶裏，收錄有一首著名的台灣民謠「望春風」(中心成員針對發音有不同的看法，分為bong-chhun-hong與bang-chhun-hong兩派，其實這是文言音與口語音之差)：

「獨夜無伴守燈火，冷風對面吹，
十七八歲未出嫁，遇著少年家。」

「這段歌詞裏有很明顯的錯誤，大家注意到了嗎？」我也老實不客氣地提出質疑。看來大家並不瞭解所謂的錯誤爲何，其實正確的歌詞應該是「守燈下」與「看著」，而非此處的「守燈火」與「遇著」。「守燈火」眞正的意思是指守著油燈的火苗，避免被風給吹熄，如此一來，主角根本沒空去注意窗外有誰路過，搞不好還會弄得滿臉煤烟也說不定。而「守燈下」才能襯托出主角在燈火下刺繡、勾織毛線的情景，時而覺得心情鬱悶，眼光便自然而然地飄向窗外。雖說「下(e)」跟「火(hoe)」都能押韻，在修辭上也都沒有問題，但是筆者幼時所聽的歌詞應是「守燈下」無誤。

其次，「遇(gu)」是指「在路上相逢、邂逅」，但是安坐在房間裏的姑娘怎麼可能跟他人相遇呢？如果換成「看(khhoaN)」的話，便能合理地描述少女靜坐屋內，意外瞥見窗外年輕男子路過時的那種心頭小鹿亂撞的驚羞之情。

語罷，衆人方才恍然大悟。

不過筆者感覺無法忍受、同時也嚴正提出抗議的，在錄音帶的「雨夜花」之後，竟然還收錄詞意粗俗的同曲改編歌謠，令人不免有畫蛇添足之憾。

衆所週知，「雨夜花」可說是台灣代表性的民謠，它所具備的高度藝術性及深沉的社會意識，可與韓國的「阿里郎」相提並論。時至今日，台灣人應該對這首民謠更加珍惜才對，儘管那些改編歌曲由來已久，但將其一併收錄，反而暴露出主事者的淺薄。

見筆者如此慎重其事，李豐明氏也大吃一驚，連忙建議將這些錄音帶回收，並取消該部分的內容，然而一切已是亡羊補牢。

在此筆者還特別向中心的成員強調兩件事。第一是標準音的制定。以筆者個人的淺見，由於台北是政治、經濟及文化的中心，是以可選擇台北方言爲標準音。雖然無法要求所有人當下即準此辦理，但至少中心成員須先凝聚共識，否則一旦開始進行台文書寫，尤其是採取羅馬字標記時，便會遭遇立即的困難。例如「同鄉會」一詞，即同時存在著tong-hiong-hoe與tong-hiaN-hoe兩種發音，其實這只不過是泉州音與漳州音的差別罷了，如果依照台北方言爲準，則應該採行tong-hiong-hoe的發音。前述的「望春風」雖然性質有異，但標準的發音應爲Bong-chhun-hong。

其次希望中心全體成員加強心理建設，認淸這個工作的重大社會意義，努力鑽研探究，以便負起更大的社會責任。

〔附記〕 在二月十四日的香港《明報》上，御用學者鄭學稼特別發表一篇名爲〈鄭成功是台灣的侵略者？〉的長文，極爲明顯地，其目的在於針對筆者的〈我的台灣史觀〉發動新的攻勢。眼見其處心積慮建構並強迫台灣人囫圇接受的反科學的「中華史觀」受到如此公開且犀利的顚覆，想來彼輩心中必然憤恨難消。

（刊於《台灣青年》二一〇期，一九七八年四月五日）

（李明峻譯）

之五：
薩布洛奇衆議員、G教授、陳逸松

對台灣人的理解與同情

華盛頓DC的王能祥先生也是筆者所謂的瘋狂一族。他年約四十二、三歲，家人都留在台灣，自己一個人在美國過著單身的生活。

王氏平時在會計師事務所上班，但只要與台獨聯盟、同鄉會或「台灣人權文化委員會」相關的事務，幾乎都會看到他的身影，令人懷疑他的老闆怎麼受得了。他認爲住在郊外太遠，會影響組織的工作效率，還特別搬到黑人密集的市中心，只要一有空閒，便四處拜訪國會議員、學者或記者，積極建立人脈關係。

就在筆者訪美前不久的六月十四日，美國衆議院召開台灣人權問題公聽會，這次歷史性的活動，便是王氏以「台灣人權文化委員會」的名義，邀請衆議院的佛瑞澤議員等共同策劃的。

雖然同樣是做政治遊說的工作，財力卻是我輩最大的難題，而吾等唯一過人之處，唯有不畏死的特攻隊精神。

即使每次登門造訪都碰釘子，但是王氏卻從未灰心，到後來，連總機小姐都不由得同情起來。不過這還只是剛開頭而已，願意好心協助引見的秘書並不多見，而且藉由秘書介紹到取得首席秘書的首肯，還有一大段的路程。由於首席秘書具有高度的裁量權，絕大多數的案子都會在此遭到淘汰的命運。唯有取得首席秘書的承諾，才有機會與議員先生進行進一步的交涉。

箇中辛勞可想而知，由於筆者也曾經在永田町一帶活動，對於王氏所承受的壓力特別能夠體會。

筆者停留在華盛頓ＤＣ，是七月二十日到二十四日，這段期間一直承蒙王氏的照顧。除了召集聯盟的幹部們進行討論，巡迴各地的同鄉會登台演講，與拜訪當地的老台僑，順道進行募款活動之外，他還特地安排筆者到嚮往已久的國會大廈、白宮、林肯紀念館及波多馬克河等地參觀，此外，筆者此行還肩負一項重大的責任，那便是與美國的政界人物會面。

聯盟總部對此次我與政界人物的會晤，似乎寄予莫大的期望，因此早在一個星期前，便央託王能祥先生盡量安排更多的拜訪機會。

然而這項任務遠比想像中困難，不待王氏說出口，筆者早已瞭然於胸。終日繁忙的政界人物怎麼可能特別爲我們騰出見面時間？即使王氏的人面再廣，這項工作也未免太爲難了一些，筆者心中原本並未抱持過大的期待。

沒想到在二十一、二十二日兩天之中，王氏竟然爲我引見了六位重量級人物。首先是衆議院外交委員會主席薩布洛奇先生（民主黨），他可說是大人物中的大人物。當他願意接受這次訪約時，連王先生自己都吃了一驚。時間是二十二日下午的兩點到三點，地點位於國會大廈旁的衆議院外交委員會主席室。辦公室裏有總機小姐、秘書室以及主席的房間，當我們正襟危坐在一旁的椅子上靜候主席召喚時，只見總機小姐俐落地處理不斷響起的電話，同時還不忘對我們笑一笑。從對面的秘書室裏，同時傳來好幾架打字機的吵雜敲擊聲，有一個年輕的秘書匆匆忙忙地走過我們眼前，直往最裏頭的房間踱去，不一會兒又走了。

辦公室裏隱隱飄蕩著一股緊張的氣氛，害我們不禁懷疑是不是不該來打擾。繼而一想，這也難怪！畢竟這個辦公室的主人對美國包含台灣在內的全球外交政策握有舉足輕重的發言權。

兩點整，我們被邀請進入薩布洛奇議員辦公室。有位看來像是首席秘書的人以手勢示意我們坐在辦公桌旁的座椅上。辦公室約十坪大小，除了一張大辦公桌之外，還有會客桌椅、書架、壁櫥、餐具櫃，及大大小小的傢俱，牆壁上掛滿了各式各樣的畫框。色調統一是深咖啡色，同時具備了效率與爽朗的氣氛。

薩布洛奇議員一見我們進來，便起身和我們握手致意。筆者曾經在日本的報導上見過他的相片，此時那兩道濃眉顯得更加搶眼。只是他的身材卻出乎意外地迷你，不過卻有一種令人不敢輕易冒犯的威嚴。

他在圓桌的另一端坐下，與筆者遙遙相對，王氏則坐在我的身旁，身體微微前傾，爲筆者擔任翻譯。首席秘書爲我們遞上可樂之後，便回到稍遠的座位上，靜靜地記錄這場談話，不時還抬頭觀察我們三人的表情。

這場對談大致可分爲兩個部分。首先由薩氏主動詢問筆者對台灣問題的看法，之後則易主爲客，由我方提出美國對台政策的問題。

看來對方對於台灣人的願望早已十分清楚。由於筆者來自日本，薩氏也順道問了日本政府的對台方針。筆者特別強調，日本與中國的復交可說是大環境所迫，但是包含日本官方在內的大多數日本人，事實上並不願意將台灣交給中國。以日華議員懇談會爲中心，不少自民黨議員之所以暗地支持蔣政權，其原委即在於此。對國際局勢瞭解較深的人，甚至還主動向蔣政權推銷台灣獨立的概念。

「如果蔣政權果眞提出獨立宣言的話，閣下的看法如何呢？」薩氏不愧是外交老手，一針見血地問道。

「如果美國或日本能夠對蔣政權施壓，迫使其做出這樣的選擇的話，對我等未必不利！」

擔任翻譯的王氏在此似乎有些爲難，事後他才對我抱怨，他始終無法贊同「蔣獨」(由蔣政權提出的獨立)的立場，如果不是「台獨」(由台灣人主導的獨立)，就不能算是眞正的獨立。

筆者這才回想起在美國的台灣人之間，有關「蔣獨」或「台獨」問題，有一段時期曾爆發激烈的論戰，不過王能祥先生是強硬的「台獨派」，這點筆者倒是頭一次知道。針對這個問題，原本我想多花一些時間好好與王氏討論一番，無奈行程的安排過於緊湊，最後只得不了了之。

這次會談的主要目的，在於探聽美國對台政策的動向，因此筆者的說明不久便暫告一段落，緊接著進入第二階段。

結果薩氏的坦白態度確實令我們大爲驚訝。他明白表示，美國承認中國政權已是遲早的事，然其前提在於台灣必須繼續維持另一個主權個體的現狀。

「你支持台灣維持主權的立場確實令人感激！但如果美國繼續像過去一樣支持蔣政權的話，這卻讓我們難以接受！」

「我們也十分淸楚，繼續支持虛構的中華民國政權已毫無意義！」他邊說還邊露出令人難解的微笑。

「那麼美國接下來的對台政策呢？」

「我們希望蔣政權放鬆對台灣人的高壓統治，美國政府的基本立場是希望在台灣推行徹底的多數決民主制度！」

他說話的同時，筆者也不停地頷首表示贊同，心中卻有一股壓抑不住的興奮，看來這趟拜訪已經達成目的了。在現在這個時刻，如此的答案已經是對方所能透露的極限，接下來全看台灣人自己的努力了。

望了望手錶，筆者首先站起身來。

「如果方便的話，我希望能跟閣下拍一張紀念照！」

「Oh! sure!」對方爽快地答應了。筆者拿出幾天前在百貨公司買的日製塗漆茶墊做爲送給對方的見面禮，薩氏滿臉笑意地當場拆封，然後從壁櫥裏找出一只包裝精美的鑰匙圈當做回禮，另外又送給筆者與王氏一人一支刻有姓名的鋼珠筆。

著名的布魯金斯研究所是個半官半民的政治軍事研究機構，其權威地位可與Land Cooperation媲美。該所恰好距離王氏的住處不遠，是一棟鑲嵌黃色磁磚的七、八層建築，我們在二十一日下午兩點十五分前往拜訪該所的道格帕涅特博士，雙方進行約兩個小時的會談。

道格博士原來在哥倫比亞大學任教，是美國屈指可數的中國問題專家，他的中國話程度亦不在話下。因此筆者直接以中國話與其討論，遇到較困難的字眼，才勞煩王氏代爲翻譯。

筆者曾經將一九六六年美國參議院外交委員會的公聽會記錄《美國對中國之政策（上、下）》用作大學專題討論課程的材料，其中上册開宗明義的部分，即是博士所發表的陳述，提及此事，道格博士顯得十分高興。

博士詢問的主題是目前島上台灣人與中國人之間的對立及鴻溝，以及雙方的歷史發展背景，還有將來可能的趨勢。聽來博士對台灣獨立抱持友善的態度，但是他並不願意清楚表示自己的立場。

二十一日上午十點到十一點間，我們則前往華盛頓明星報拜訪，與總編輯安妮克拉契會見。原本筆者希望王氏安排參訪在日本較具名氣的華盛頓郵報，無奈對方的行程早已排定，只好作罷。

在日本根本不可能出現像安妮女士這樣的女總編。看得出來，對方是一位充滿智慧與格調的女性，否則絕難在競爭激烈的美國社會晉升到領導者的地位。安妮女士看到我們來訪，表示竭誠地歡迎，她同時表示，幾天前他們才剛發表一篇社論，支持台灣的未來應由台灣人自己決定。

她表示希望對台灣及台灣人有更進一步的瞭解，從對談一開始，便認眞地做筆記，而且提出的問題都極爲關鍵。

最近聽說華盛頓明星報由於經營不善，可能難逃被併購的命運，筆者胸中也不免爲之一慟。

其他三位受訪者都是議員的秘書。我看得出來，這應該是禮貌性的拜訪，而且對王氏未來的工作多少有些助益。

第一位是衆議員道諾德佛瑞澤的秘書約翰薩兹帕克先生。從兩個人的對談中，可知雙方的私交匪淺。在前面提及的台灣人權問題公聽會的策劃上，約翰先生也扮演了極重要的角色。

第二位是參議員敏奇拜伊的首席秘書奥爾迪吉先生。拜伊議員曾經爭取過民主黨的總統候選人，雖然落敗，但其地位之重要可見一斑，在此次張金策與吳銘輝兩氏逃亡美國的事件中，奥氏也出力不少。

最後是衆議員班哲明羅倫索爾的秘書朱利安史拜勒先生，當筆者一行前往訪問之際，朱氏正好準備前往台灣進行考察，因此特別對我們提出許多問題，以供其安排調查計劃的參考。

對投降者的冷眼分析

不久終於到了該離開東部的時候了。告別東岸之前，在C氏夫婦的引介下，於八月十七日前往拜訪定居紐約北郊的G教授家。

G教授是N大學政治學教授，同時也是美國台獨運動的草創份子之一，由於他是筆者台北高校的學弟，因此對其始終抱有一份親切感，我也打算到美國之後，一定要找機會跟他見個面。

到了G教授府上，C氏首先與男女主人以英語熱情地寒喧，接著主人才對筆者說道：「今天為了表示對王先生的敬意，我想應該用台灣話才對！拙劣之處，尚請鑒諒。」

原來G氏夫婦之間平常就是以英語交談。這並非兩個人妥協的結果，而是來到美國時日已久之故。說來奇怪，在日本的台灣人夫婦用日語交談，我似乎習以為常，可是聽到美國的台灣人夫婦以英語交談，卻不免產生一種異樣的感覺。

「您對美國的印象如何？」這是主人的第一個問題。

「我覺得到美國最傷腦筋的，就是不管到哪裏演講，大家都會問廖文毅為何投降？還有辜寬敏和邱永漢？就差沒問：難道日本的台灣人都這樣嗎？」

「其實還不是蔣政權御用誇大的媒體效應！」

「以聯盟的立場而言，辜寬敏確實難辭其咎，但是廖文毅只不過是『臨時政府』的人，至於邱永漢，更是個標準的生意人，我並不認為他們必須負所有的責任！」

「這些發問的人簡直是混蛋！其實他們眞正的意思就是想替自己狡辯，與其當個投降的獨立運動家，還不如從一開始就漠不關心的好！而且廖文毅我早就對他不抱希望了！」

「哦……」筆者不覺輕呼出聲。

G教授表示，當他第一次看到廖文毅所寫的《台灣民本主義》(一九五七年一月出版)時，便認為廖是個吹牛的傢伙。而且廖文毅在組成「臨時政府」之後，根本沒有任何實質行動，反而在「臨時政府」的小圈圈裏，大搞主流與反主流的鬥爭遊戲，結果反而被孤立在整體的獨立運動之外。所以當廖文毅投降(一九六五年)的消息傳來時，他一點也不覺得驚訝。

「聽說您跟辜寬敏的交情不淺是嗎？」筆者忍不住追問。

「根本沒有這回事！這都是他自己吹噓的，目的就是在年輕人面前故弄玄虛。不過因為他長我一屆，年輕時經常到他家玩倒是眞的。」

他這才告訴我辜家的種種複雜內幕。根據G教授個人的分析，辜寬敏最後會走上投降的道路，主因在於在他擔任聯盟主席的末期早已失去對組織的指揮權，完全被孤立起來了。唯一跟廖文毅不同的是，他的年紀比較輕，冒險性格較強。

「冒險性格？」

「就是『中台國』那個構想！」

他當時曾試圖說服蔣經國放棄「中華民國」的國號，改名為「中台國」。其實也就是所謂的「蔣獨」。

辜寬敏究竟是在什麼樣的心情下決定向蔣政權投降，實情我並不十分淸楚。不過以筆者個人的看法，他很可能是患了台灣人常見的「愛出鋒頭症」，因為繼任主席無望，所以才惱羞成怒出此下策。不過這個理由不便對外公開，所以才說成是路線的對峙。結果，他只好對外界宣稱自己主張「中台國」的構想。

「如果辜寬敏能扮演唐吉訶德的角色也不錯！原本他已取得直接跟蔣經國對談的交換條件，沒想到蔣經國最初一、二天都派手下跟辜周旋，把他的想法摸得一清二楚！到了第三天，蔣經國終於出面，可是他根本不把辜寬敏放在眼裏，完全否定他所有的意見。辜寬敏經此一擊，意志徹底瓦解，只得草草收拾，提早回國。」

這些都是筆者前所未聞的消息。儘管句句如針刺刀割，仍然十分感謝G教授的直言不隱。或許這的確是辜寬敏直接告訴他的第一手情報。

一場長期的神經戰

在現在的台獨聯盟成立之前，美國的台獨運動還有一段前史，不過如今知道的人並不多了。一九五六年一月，俗稱的「三F」成立，五八年改組為UFI，後來再度改名為UFAI。

我這趟旅行的目的之一，原是希望由當時的相關者身上打探出這段前史的來龍去脈，不料內情實在過於複雜，連筆者也不得不打退堂鼓，最後不了了之。

而G教授便是發起三F的「七武士」之一，不過他後來在UFI（當時主席為陳以德）的時期退出。原因在於組織內部針對成員身份的公開與否，以及團體的質量孰者爲重，出現兩派不同的聲音。

這兩者實爲一體的兩面，彼此間有著密切的關聯。大多數成員認爲，隱瞞成員身份比較容易吸收新人加入。但是G教授卻堅持應公開參加者的身份，如此還願意加入的人，才稱得上是眞正的獨立鬥士。他甚至斷言，一九五六到六六年的十年之間，美國台獨運動的發展停滯，主因正在於隱瞞成員身份的關係。

主張不公開的一派提出的理由有兩項。積極理由是，可協助成員較易潛入其他組織工作，甚至利於成員返回島內後的秘密行動。至於消極的一面，倘若公開身份，恐怕將影響衆人加入的意願，甚至會牽累到島內的親人。職是之故，從三F到UFI時期所發表的文章，作者全數使用假名，而聯盟召開記者會時，全體出席者皆以蒙面姿態出現。

G教授對這種做法的反彈極大，筆者也贊成G教授的意見。無論任何運動的草創初期，參與者都必須有破釜沉舟的勇氣與決心。筆者曾經對「七武士」的其中幾位提出這樣的質問——「在組成三F的時候，是否有隨時犧牲生命的心理準備？」大多數的答案顯然是否定的。原來那只不過是年輕人一時難以遏止的正義感與熱情衝動罷了，在內心的另一面，卻充滿了揮之不去的恐怖，以及對家庭、親人的依戀。而隱藏成員的眞實身份便在這種心態下成爲折衷的產物。至於隱瞞身份有助於秘密工作的進行云云，實爲不值一哂的藉口。

「這麼說來，您已經完全脫離獨立運動了嗎？」筆者不死心地追問。

「這怎麼可能！我還是在自己的能力範圍內盡最大的努力！王先生您便是我最好的榜樣！」

「聽您這麼說，眞是太高興了！那您對現在聯盟的看法如何？」

「我覺得聯盟的表現確實可圈可點！只不過運動的基盤應該更加擴大，事實上也還有擴張的空間！」

「這點我也深有同感！」

「我也希望聯盟能有接納年長者參與的雅量。」

「其實我這趟美國行的目的之一，便是想深入瞭解當時的詳情。」

究竟這群活躍於台獨運動前史的前輩們，現在都到哪兒去了呢？如果能夠活用他們的力量與人脈的話，應該有助運動更上一層樓才是，筆者心中始終如此認爲。

張燦鍙主席後來曾經在某個場合上語帶慰勞地說道：「這次王先生前往美國四處奔走，實在讓許多自命『元老』者汗顏！組織是運動不可或缺的前提！爲了組織的發展，必須拋棄個人的身段與好惡，王先生的作爲正好當做大家最好的榜樣！」不過筆者曾經向張主席建議，該好好檢討對「元老」應有的處遇之道，但效果似乎有限。

G教授預言，台灣的現狀至多只能再維持五年。那麼五年後的情形又如何呢？依目前的情況推論，可能出現的轉變有蔣政權投降、中國人陣營發動政變、台灣人武裝起義，以及由蔣經國發表獨立宣言等四種。簡而言之，若非由台灣人起而抗暴，相反地即是陷入「自我毀滅」的下場。

「阿爸他是個投機份子」

這次筆者與陳逸松的再會，是在他波士頓的女婿家中。老友相聚，半日時間不知不覺就匆匆流逝，兩人還共進了一頓愉快的午餐。我們共下了一盤圍棋、七盤象棋，感覺就像兩個孩子似地，專心一意地熱衷於棋盤上的進退廝殺。筆者的圍棋棋力略勝一籌，結果由我中途停局獲勝。

「我的圍棋不行！我們改下象棋！你會不會下象棋？」

看來陳逸松好勝的個性一點都沒變。其實筆者對象棋也頗有自信，於是接受了他的挑戰。最終的結果是三勝三負一和局，雙方都保住了顏面。輕鬆的時刻結束後，緊接著便進入重點的政治話題。

筆者曾經跟他在東京見過兩次面，看來警視廳也發現我跟他的交情不錯，一九七六年十二月，當陳離開中國來到日本時，承辦警官還頻頻追問我，是否曾趁機跟他見過面。

其實筆者的確想見他一面，只不過對方似乎有意迴避。但他在離開日本的前一天，竟然還接受朝日新聞的吉田記者採訪，高唱台灣解放的時間表，大吹大擂了一陣才搭機赴美。筆者當時只覺得一陣氣憤，心想如果有機會到美國的話，一定要拆穿這個混帳的西洋鏡。

可是偌大的美國，誰也不知道他究竟躲在哪兒！筆者曾經向兩三個熟識的朋友打聽，卻沒有一點頭緒。看來陳逸松自從到美國之後，便徹底地銷聲匿跡了。

來到C市的第二個晚上，筆者竟投宿在陳逸松公子的府上。雖是初次謀面，筆者卻不免大吃一驚，原來他們父子倆的臉型跟體型簡直就是一個模子印出來的。

「我想您也許知道……除了我母親之外，我父親另外還有一個女人。」

「您母親還好嗎？」

陳逸松的元配就是基隆鼎鼎大名的企業家顏欽賢氏的妹妹。不意後來他卻棄她不顧。

「現在有家人負責照顧她，生活一切都好！」

「那就好。」

畢竟以筆者的年紀，似乎也沒有資格批評陳逸松的男女關係。

「王先生，您願意跟家父見個面嗎？」

「耶？他現在住在哪裏？我也很想見見他呢！可是不知道他有沒有勇氣跟我見面。」

「我先打個電話問問他！」

說完，主人便開始撥電話。原來陳逸松現在住在波士頓，剛好是我接下來預定行程中的一站。

「家父他非常想跟您見面！請您先在電話上跟他談談！」

距離上次聽到他的聲音，已經不知過了多少年了。筆者告訴他，得等到Providence的美東夏令營結束之後才騰得出時間來，但只聽見話筒彼端傳來極爲心急的口氣，表示希望盡早跟我碰面。

此時主人似乎放下了心上的一塊大石，安心地長吁一聲，說道：「如果王先生能夠幫家父挽回過去的名聲，他不知道會有多高興！」

坐在他身旁的可愛女主人也不禁邊聽邊點頭。

「雖然阿爸他的確是個投機份子……」

「連身爲孩子的你，也這麼批評他嗎？」

「這可是不容狡辯的事實啊！二二八發生前，他站在反政府的立場，二二八之後，他卻向政府靠攏！出馬角逐台北市長選舉失敗後，又開始批判政府，最後甚至還倒向中共，簡直是無恥到了極點！」看得出言者心中的憤恨。

「那年的二月二十七日，在天馬茶房門前爆發騷動的那個晚上，您大哥、我父親和山水亭的王井泉氏三人，眼見群衆慷慨激憤、怒不可遏的景象，心頭開始湧現一股難以形容的興奮，以爲盼望的新時代就要來臨了。結果您大哥慘遭不幸，可是父親的名字竟然不在陳儀公佈的三十名通緝要犯之內，這一點確實令人難以理解！」

筆者突然覺得一陣當頭棒喝。

「這也難怪！你阿爸不但平安逃過二二八，後來竟然還當上考試委員和中央銀行的常務理事。任誰都會覺得其中必有文章！」

「或許是同樣身爲法律人的關係，阿爸他跟王育霖先生的交情最深。直到最近，在《七十年代》的一篇專訪中，他還對王育霖先生的慘死深表遺憾！」

筆者這才回想起來，七〇年代左右第一次跟陳逸松見面時的光景。

「看到你，就好像看到王育霖再世似的！」他邊說還邊緊握住我的手。

我見到這位瞭解大哥、尊敬大哥的人，也自然而然地對他尊敬起來。當時還能記得過去高校生活（陳逸松唸的是六高）的種種、還有赤榕會（日本時代台灣人的東大同學會）那段時光的人，可說越來越少了，而陳逸松正是少數能跟我引起共鳴的人，因此初次見面時，筆者其實對他頗有好感。

「沒錯！如今只剩下最後的機會了！眞想來一支九局下半的逆轉全壘打！」

剛開始聽到陳逸松的言論，筆者還以爲他是個獨立派，至於他過去在台灣的一些經歷，我並不清楚，而且也沒有什麼興趣。但只要一個人有意投入獨立運動陣營，而且願意奉獻心力的話，筆者都會表示最熱烈的歡迎。

一九七三年第二次與陳逸松見面時，我已開始覺得事有蹊蹺。「蔣政權的惡行暴政已經到了無法忍受的地步！社會風氣的墮落、淪喪，更是令人匪夷所思！」

聽到這裏，感覺還跟以前差不多。接下來他的表現更是激動了。

「遺憾的是，光靠台灣人的力量根本難以成事！」陳逸松語帶玄機地抱怨道。

「等一下！您根據什麼標準判斷，靠台灣人自己的力量絕對無法成功呢？」

「啊！這個你就不懂了！台灣人不但無法團結，還整天扯自己人的後腿！」

「這一點我也同意。」

「所以一定要藉由外界更大的勢力，來個內部大掃除，才能夠扭轉局勢！」

「那您所謂更大的勢力是……」

此時我已壓抑不住昇高的語調，而對方卻沉默不語。

「剛才我心裏就一直有個疑問，請問您對台灣人的定義是什麼？」我不甘休地繼續追問。

「台灣人就是台灣人！沒有嚴格定義的必要！」

「這我不能認同！這一點一定要釐清才行！我認爲台灣人跟中國人是不同的民族！台灣人的祖國是台灣，而非中國！無論現在的台灣人多麼無知，台灣社會有多麼墮落，只有台灣人才有能力重建這個社會，沒有必要借用外界的力量，而且也不應該！」

語畢，兩人也沒有繼續下棋的興致了，快快然地不歡而散。

一九七三年四月，陳逸松投共的消息傳來，我心中只覺得果不其然，這或許是old Marxboy（在學中的秘密共產黨員）必然的命運。不過筆者心中也暗自稱奇，沒想到他居然有這股勇氣，另外，我也爲他犯下如此愚蠢的錯誤感到淡淡的遺憾。而那位美麗溫柔的二太太，想必也因此嚐盡了苦頭吧！不過由此可見，中國至此似乎已無計可施了，我心裏不禁感到有些可笑。

同樣難逃二等國民的命運

陳逸松目前投靠在波士頓的女婿家中，這位女婿是哈佛畢業的律師，可說是台灣難得的人才。過去他也是聯盟的成員，然而在蔣經國暗殺事件之後，即悄悄地脫離聯盟，更令人難以置信的是，他後來竟然成爲併吞派的一員。他的太太是陳逸松二房的女兒，陳氏夫婦之所以不住在C市而選擇住在波士頓，想必與此有關。

有關陳逸松向中國投降的經過，美國的同志們都十分清楚。據說在陳逸松投共之前，這對律師夫婦曾前往中國，代爲打探中國方面的動靜。究竟這趟中國之行是不是促成陳逸松受到洗腦、說服的原因之一，抑或是他本人主動安排的試探動作，當時並沒有人知道。

直到這次見面，筆者才有機會直接向他本人求證。原來他第二次赴日時，便曾經寫信給周恩來，以台灣人的身份表達自身的意見。據說後來收到周恩來的回信，表示對他的卓見頗爲肯定，並邀請他回祖國參觀，這便是他後來決心回歸的主因了。

「陳先生，坊間盛傳您現在已經決定長住美國，不會再回中國了！其實我個人也如此期盼！」

「過去我雖然吃了四人幫的大虧，可是現在四人幫勢力不再，而且我與周總理的夫人鄧穎超女士曾經約定，哪有不回去的道理？」

他邊說還邊望向身旁的太太，只見她無奈地笑了笑——「這個人既然想去的話，我也沒辦法！誰叫女人是嫁鷄隨鷄的命呢！」

「可是台灣人畢竟不是中國人啊！」我只有仰天長嘆，無言以對。

看來許多年長的人還是深受中國人意識的羈絆，連眼前這個聲稱信奉唯物辨證法的Marxboy，內心深處仍然還是個唯心主義者。

上次見面時，兩個人就爲了這件事爭論不休，不過這次雙方似乎都意識到，恐怕今生沒有再見面的機會了，所以就此打住。

「不過我不會馬上回中國去！」

「嗯？」

「如果可能的話，我希望先到非洲的坦桑尼亞鐵路考察之後再回去。畢竟中國在那條鐵路上投注了不少心血。」

筆者實在搞不清楚，究竟坦桑尼亞的鐵路跟台灣人有什麼關係。事情到這個地步，我也只好對所謂的九局下半的逆轉全壘打死心了。

「我想請教一下另一個問題，陳先生您獲得中國政府的特別拔擢，成爲人民大會的代表，雖說是空降部隊，但待遇應當相當優厚才對。不過一般留在中國的台灣人，他們的生活狀況又是如何呢？」

只見對方猛搖著頭：「台灣人根本不行！不管到哪兒都不團結！就算在中國，也受到明顯的歧視。」

他的說法跟曾經在《台灣青年》上連載的楊錦昌所寫的〈中國內部情報〉完全相同。

「那麼，如此的中國一旦眞的解放台灣的話，台灣人會遇到什麼下場呢？有可能比現在幸福嗎？」

「怎麼可能！肯定是二等國民的待遇！」

這絕非筆者有意中傷或毀謗，陳逸松本人確實如此表示。老實講，聽他這麼一說，我心中不禁覺得這個人還是有他可愛的地方。

「既知如此，你爲何還要選擇投降，爲中國高舉『解放』台灣的大旗？」既然已經談到這個，筆者決定打破沙鍋問到底。

「既然沒有別的出路，還不如早點投降算了！」

這傢伙果然是個百分之百的投機份子！從今以後，我跟陳逸松的緣份也該盡了！我心中如此暗暗說著。

儘管兩人內心充滿了各種複雜的情緒，但還是一起拍了紀念相片。陳逸松還說，只讓我拍不公平，特地要太太拿出自己的相機來再拍一張。

這時候，陳的女婿下班回家，休息了一會兒，當他正打算加入我們的談話時，碰巧K氏開車來接筆者，他催促著說跟對方已經約好時間，準備一起吃晚飯，筆者也只好匆匆忙忙跟陳逸松一家告辭了。

「這些併呑派的嘴臉，我連看都懶得多看一下！」K氏憤憤不平地向筆者說道，然後猛地發動車子離開。

（刊於《台灣青年》二一一期，一九七八年五月五日）

（李明峻譯）

之六：

台灣人積習難改

不良的傾向

留美台灣人只要生活安定了下來，同時也取得公民權或永久居留權的話，都流行將父母接到美國來，當作對雙親的回報。

對於向來崇拜美國、認爲「美國屎卡香」的台灣人而言，有機會到美國接受子女的奉養，在親友之間也面子十足。

他們只要買一張到洛杉磯或舊金山的單程機票，兒子或女婿就會到機場來迎接，接下來的日子，無論食衣住行各方面，幾乎不必花上一毛錢，全數由美國的子女們負擔，等到回台灣時，還能帶上一大堆的禮物和土產。

表面上看來，父母跟僑居美國的子女之間，一邊是享受天倫之樂，另一邊則是善盡反哺之孝，人間之樂莫過於此，但是其中卻隱藏著反映台灣社會現狀的複雜問題。

近來除了短期訪問兼觀光的銀髮族旅客之外，俗稱「第〇優先」的移民也有增加的趨勢。在洛杉磯機場通關的窗口，持移民簽證者跟一般觀光客不同。在外表寒酸、身無長物的東南亞移民群之間，也可見到若干衣冠楚楚的台灣老夫婦的身影。

這些下定決心移民美國的台灣人，大多已將台灣的財產處分完畢並隨身帶到美國來投資。這些資金通常用來購買不動產、汽車旅館，或者用於經營中華餐廳。近年來洛杉磯附近的不動產行情，大約上漲了三〇~四〇%，據說來自台灣的資金是一大主因。

這些老人同時也帶來台灣式的明哲保身之術。他們不但不願意被年輕人牽著鼻子走，反倒積極地扮演牽引年輕人的角色。畢竟年輕人的政治意識還未十分堅定。

除了老年人之外，還有一群被稱做established的老台僑，他們來到美國的時間較早，已經建立起穩固的社會地位，同時也累積有一定的資產，在他們之間，也開始出現利己主義的色彩。

聽說這些人情願出席美國人的派對，但絕對不涉足同鄉會的活動。

世台會主辦單位認爲，用筆者做爲宣傳，也許可以號召這些人前來參與，基於對同鄉會的支持，我也表示完全配合的意願。有時是由筆者主動前往拜會，有時則是以舉行特別宴會的方式，廣邀各路僑界人士參加。

筆者的目的十分簡單，無非希望激發他們愛鄉的心理，盡一份海外台灣人應盡的責任，事實證明反應並不壞。以具體的成果而言，大多數人都願意爲獨立運動捐款。

以費城爲例，合計約十二、三對的台僑夫婦，竟然捐出了兩千美元的巨額款項，讓當地負責組織的工作人員萬分驚喜。另外在好幾個城鎮，都曾出現一口氣捐出五百美元的熱心人士。不過也有不少人利用各種藉口，一心只想逃避捐款，令筆者頗不以爲然。

台灣人的內心十分淸楚，絕大多數中國人只不過將台灣當做流亡的棲身之地，如果台灣的情況惡化，下一站或許是美國或南美洲，因此台灣人對中國人始終抱持著高度的懷疑。沒想到有些台灣人也感染了這種習氣，失去應有的自信，甚至主動棄台灣而去，這正是G教授所說的自我毀滅。

但筆者相信，這些台灣人只是少數中的少數。我曾在K市遇到一位令人尊敬的六十五歲長者，由於當地的年輕人大多擔心被領事館列爲黑名單，因此誰也不敢出面擔任同鄉會會長，最後卻由這位年近古稀的老人主動攬下重任，同時在與筆者見面時，還拍拍筆者的肩膀，說他接下來準備要好好大幹一番。另外還有一位住在休士頓的祖母級女士S氏，總是與兒子及媳婦帶頭參加同鄉會與教會的各項活動。這位S女士可說是筆者在美國遇見的台灣人之中，少數値得特別尊敬的對象之一，下文將對其稍作介紹。

婆媳問題

短期訪問兼觀光的行程，短則三個月，長者可達一年半載，儘管是劉姥姥進大觀園，滿心歡喜，處處新鮮，可是卻也沒忘記帶把算盤，算計算計兒女們在美國過的是什麼樣的生活，還能有多少餘力負擔台灣方面的開銷。他們心內仍然無法跳脫大家族的觀念，因此較敏感的媳婦難免會開始產生戒心。

筆者萬萬沒想到，來到美國居然還會碰上難纏的婆媳問題。有時是筆者親眼在投宿家庭所見，有些則是各方謠傳，也有些是筆者主動探尋的結果。

不知這究竟該稱做悲劇還是喜劇。時代是七〇年代，舞台是美國，出場的人物是台灣人。在前述的親子代溝、孝道及夫妻感情的傾軋之下，加上美國與台灣社會情境的落差，再添入些許慾望與留戀的攻防，簡直就是一齣活生生的現世劇。相信具有編劇天份的人，一定能夠以這個題材創造出許多可觀的劇本。

而公開參與獨立運動的成員，由於受到蔣政權的特別監控，因此其父母無緣出國，也使得他們得以從這種困境中解放出來，這或許可算是唯一的好處吧！但也許因爲照顧筆者飲食、洗衣的人是家中的媳婦，所以筆者在情感上總不自覺地傾向媳婦那一邊。

美國的上班族生活並不輕鬆。七點左右便得出門，回家時已是下午五點以後。家庭主婦則終日忙於家務或照料子女，如果還要幫忙同鄉會的工作，那更是忙得不可開交。

至於家中的老年人，由於大多不諳英語，所以也沒法用報紙或電視打發時間。就算偶爾負責照顧孫子，也因為語言不通，無法建立祖孫間的情感。有時小孩子調皮，拿出「阿公拍(phah)」的招數來也不管用。等到孩子的年紀稍長，台灣話的理解程度也多少有些提昇，這時祖孫間的互動更是緊張——「阿公沒有罵我的權力！如果我有什麼不對，你應該跟阿爸說，讓阿爸來管我才對！」據說這是某個家庭的眞實對話。

總而言之，家中幾乎沒有老人家存在的適當空間。對於媳婦來說，更是心上的一塊大石頭。有些老人還不甘寂寞，開始家庭菜園的栽培，先把整齊的草皮挖起，種下絲瓜、苦瓜或芫荽的小苗，反正整天閒著也是閒著，澆水、施肥的工夫可是未曾間斷。剛開始媳婦還笑臉以對，不過如果遇上大豐收的時候，自家人根本消化不完，只好到處分送親友，此時配送的工作又落在年輕夫婦的身上，如此一來，又加深了兩代之間的忌恨。

大體說來，願意遠渡重洋來到美國的老年人，個性多屬積極開放的類型。整天被關在家裏頭，對他們簡直是難以忍受的酷刑，所以不是要求媳婦帶他們一起上街購物，就是纏著兒子在假日帶他們遊覽各地名勝。

麻煩的是，一旦帶著這些老人家上街買東西，每樣東西都得在他們腦中換算成台灣的貨幣單位，於是一趟行程下來，從頭到尾都聽見他們在旁邊嘀嘀咕咕，不是嫌這個貴，就是嫌那個奢侈。

筆者還曾經遇見一位老人家將孫子的玩具一一估價計算，結果竟高達五萬元新台幣，說完還對筆者咋舌表示難以置信。當時台灣的大學畢業生一個月的收入不過才五、六千元。媳婦知道之後，連忙辯解說，這些大部分都是同學送的聖誕節或生日禮物，並非自己購買的。

至於老人家最期盼的與兒子駕車出遊，則非等到週末不可。然而就媳婦的立場而言，週末假期是難得的休養時間，除非是割草皮或刷油漆等不得不做的工作，否則誰也不想錯過這個休息的機會。筆者曾經在達拉斯聽到這樣的傳聞，據說有個台灣的年輕人就因爲平常工作過度勞累，還必須駕車出外遠遊，結果死於意外的交通事故。

就算媳婦能順利地藉故避開週末的兜風出遊，但是長達十天半個月的夏日假期，卻是做太太心目中期盼已久的解放日，無論如何，絕對不願讓步。結果婆媳之間長久醞釀的對立氣氛，就此被壓縮在狹窄的車廂或旅館裏，雙方面的衝突也更加白熱化。

而最容易引發夫婦爭執的原因，不外乎老人家以台灣的外甥或姪女的升學或結婚爲由，要求兒子拿出一些禮金或賀禮。以兒女的心情來說，固然希望滿足父母炫耀的心態，但是實際生活上的負擔也不輕。而且媳婦也會計較，現今在美國的生活，自己也有部分貢獻，如果要回饋台灣的家族的話，娘家也應該有份才對。

在美國的台灣家庭中，十之八九都無法解決這個問題。據說在舊金山，有個兒子被夾在婆媳之間，最後在不堪其擾之下，只好在唐人街租了一棟公寓，讓兩老獨立門戶。這對老夫婦回到台灣之後，不斷向親友訴苦，說兒子與媳婦多麼地不孝。不過負責接待筆者的L氏，卻對這個兒子大表同情。

「其實唐人街的食物口味比較符合老人家的需要（在家裏，婆婆難免會嫌媳婦的料理不合胃口），空閒的時間，只要到公園走走，多少都能找到下象棋的朋友，這種生活反倒比較能滿足老人家的需求，不是嗎？」

當筆者來到美國一個月左右時，曾聽說芝加哥的同鄉會有開設老人之家的計劃。當時因爲筆者對美國的情況瞭解不深，對此還有些無法接受，以爲台灣的老人家老遠來到美國，竟然還必須面對如此殘酷的命運。

後來在美國待的時間愈久，也就愈能體會同鄉會的苦心了。

讓這些離鄉背井的老人家們聚在一起生活，不但能暢談台灣的種種，還可以盡情抒發對兒媳的不滿情緒，年輕人只要偶爾來探望探望，帶他們出去走走便可，這樣不僅能避免世代之間的衝突，還能夠加添親子間的感情，細想之下，不失爲一種合理的做法。

令人尊敬的母親S氏

前面所提到的這位休士頓的S女士，年紀輕輕便不幸守寡，一個人把獨生子扶養成人，現在則與兒媳們住在一起。照常理來看，孤兒寡母的家庭最容易發生婆媳問題，但令人驚訝的是，S氏的家庭卻絲毫不成問題。

筆者抵達休士頓當天午後，曾到S氏自宅小憩一番，當時只有S女士與兩名年幼的孫兒在家。因爲S女士曾出席Kingston的大會，因此對筆者曾有一面之緣。

她親切地說道：「休士頓的氣候跟台灣很像，天氣熱，溼度又高，如果您想休息的話，別客氣，請在這兒稍微躺一下！」一邊說，一邊帶領筆者到屋內的房間，說著說著，她突然想起什麼似地：「對了！我這裏有一份最近的資料，王先生您看過了嗎？」

原來她說的是八月十六日，由台灣長老教會所提出的歷史性人權宣言——「將台灣建立爲一個新而獨立的國家」——的教會通訊號外，說來有些難爲情，此事我一直到此刻（九月一日）才知道。

「身處在彷若一座大監牢的島內，台灣人民竟然還有如此的勇氣，海外的台灣人如果不再加把勁的話，豈不是太丟臉了嗎？」

此時我心中充滿了雙重的感動，因爲這是筆者頭一次聽到女性主動提出的政治性話題，不禁對這位偉大的台灣母親肅然起敬。

等筆者午睡起身，S女士便招呼二樓的孫兒下來，四個人一起分食西瓜。此時S女士的媳婦剛好回來，額頭上還沁著粒粒汗珠，是個苗條俐落的美人。她跟筆者打過招呼後，連忙又跟婆婆商量起來，不一會兒又出門去了。

「她正忙著打理明晚王先生的演講會呢！」聽得出來，S女士的語調中有一種體諒與不捨的情緒。

「看來您府上的婆媳相處十分愉快呢！這眞是一件難得的事情！其實在我這趟美國之行中，到處都耳聞或眼見婆媳間的爭執，沒想到連來到美國還必須面對這種問題，確實令人驚訝，不知道您對這個問題有什麼看法？」

只見S女士臉上露出略顯複雜的表情。

「人家的事情我也不便說什麼，不過我是基督徒，上帝教導我們一切都要發自於愛！只要雙方都有互相體諒的心，相信所有問題都能迎刃而解。」S女士謙虛的性格，確實値得景仰。

「老實說，我認爲大部分的責任都在婆婆身上！」

筆者一聽，不禁抬起頭來，望向S女士的臉龐。

「養兒防老，由兒媳善盡孝養的台灣式想法已經過時了！更重要的是，老年人應如何避免打亂年輕人的生活步調。而且留在美國的時間越長，越應該努力順應美國的社會，老人自己也該多努力才行！」

「但是在美國沒事可做，最後還是免不了變成兒子或媳婦的跟班，不是嗎？」

「如果自己願意用功的話，還是有中文的報紙或雜誌啊！像『星島日報』(美國銷路最好的中文報紙)、同鄉會訊、教會通訊或《台獨》等都是！絕對不會欠缺新鮮的話題！如果想學英語，每天都有初學入門的節目，我也是靠這些節目的幫助，現在多多少少也聽得懂一些英語。」

像紐約、芝加哥或洛杉磯這些大眾交通便利的城市，靠著一口洋濱涇的英語到城裏辦事已綽綽有餘，如此一來，老人家的活動範圍也大大增加了。

「最重要的是要把自己的心打開。台灣未來的命運難以逆料，萬一運氣不好，被共產黨併吞了，相較之下，眼前爲了些許金錢或財產，親子或兄弟之間斤斤計較，簡直是愚不可及。我雖然不懂艱深的政治角力，但是身旁的同鄉會或教會的工作，我的年紀雖大，還是有許多幫得上忙的地方。」這確是難得一聞的侃侃之言。

「其實老年人也有老年人的優點，譬如勤儉樸實的生活習慣，這一點年輕人實在應該多效仿。有時我也會提醒自己的媳婦，美國人那種浪費的生活方式，一點都不足取，還有美國的個人主義，似乎也有過度發展的傾向。」

休士頓的演講會時間定於九月二日晚上，是借用市政府的會議廳舉行的。當晚大約聚集了八十人左右，但最讓筆者難忘的，還是坐在最前排、熱衷地聆聽演講的S女士的身影。

九月三日，由美國西南部同鄉會在達拉斯舉行一場軟式棒球大賽。出場的隊伍包括達拉斯、休士頓、奧斯汀，還有一隊因故未能到場的代表隊，詳細的城市名稱筆者已記不得，最後只好由地主達拉斯另外派出一支隊伍，由四支隊伍進行淘汰賽。

筆者在當地的演講會便利用球賽當晚的派對時間舉行。休士頓到達拉斯間，距離約二四三英哩，筆者正午過後從休士頓出發，約一小時飛抵達拉斯，而S氏一家則擔任休士頓隊的領隊工作，前一天夜裏便駕車出發，大約經過四個小時車程才到達拉斯。

在這種機緣之下，S女士總共聽了三場筆者的演講，連我自己都覺得有些抱歉了，只好向她先說聲對不住，沒想到她卻回答：「王先生的演講幾乎沒有重複，每次的內容都有些許差別，讓聽者覺得十分有趣，還有不同的感動。對於王先生學識的淵博，我是衷心的佩服！」

揮之不去的危機

就一般人而言，如果父母不願意到美國來同住，至少他自己必須偶爾回家一次，讓雙親看看自己的模樣，而最糟糕的情況，則是希望能在他們臨終前見上一面。

以台灣人觀點來看，這是人之常情，也符合人倫道德的想法，但是絕大多數的人都未曾意識到，這種反哺盡孝的心理，至今仍是奴役台灣人心的魔咒與力量。

正因爲內心存著總有一天必須回台灣的心態，因此出入境簽證便成爲心中永遠的痛。而出入境簽證的生殺大權，向來掌握在大使館手中，因此，幾乎每個海外台灣人都擔心自己成爲大使館注目的黑名單。

除了獨立運動之外，連參加同鄉會的活動也受到這種消極心態的影響，許多人對此總是興趣缺缺。在美國愈往南行，台灣同鄉會的勢力愈顯孱弱，除了社會整體的保守風氣之外，台灣人的數量較少或許也是主因之一，但是位於亞特蘭大的總領事館作風強硬，或許更是影響美南同鄉會發展的重要因素。

例如在《台獨》或同鄉會訊等刊物上，經常可見到「水牛」、「阿里山」或「蕃薯」等筆名，我認爲這是畏懼心理作祟的緣故。許多人都會辯稱，只要文章內容好，什麼人寫的，還不都是一樣嗎？然而這只是淺薄的書生之見。

在T市的演講會上，有一位聽衆怯怯懦懦地提出這樣的問題：「請問王教授，像您這樣公開從事獨立運動，難道您不會擔心對台灣的雙親或兄弟親戚造成困擾嗎？」

「看起來好像沒有什麼困擾的樣子吧！」我當時用極爲輕鬆的口氣回答。不過看得出來，在場諸人的臉上都露出難以置信的表情。

「聽說剛初確實有特務到兄嫂的家裏來，要求說，只要日本方面一有聯絡，就得馬上跟他們回報，搞得大家整天神經緊張，不過時間久了之後，好像對方也累了，不再玩這一套把戲了。大家可以放一百二十個心，蔣政權雖然是個邪惡的政府，但是古中國那套『罪及九族』的酷刑已經無法適用於現代社會了！而且外界環境也不允許！」看來聽衆們還是半信半疑。

「從一開始，台灣人這場長期抗戰就必須面對人質落在對方手上的問題！而這正是對方的伎倆，希望藉此牽制我們的行動。我的想法十分簡單，如果眞的會造成家人困擾，我也沒有辦法！在決定投身這條路的時候，我已早有死不足惜的覺悟，我的太太也一樣，更何況是父母兄弟！」語罷，只聽見全場一片沉重的嘆息聲。

「但是請各位好好想一想，如果我們自己沒有死的準備，一方面希望擁有圓滿的家庭生活，另一方面又不希望給島內的父母兄弟帶來困擾，同時又想參與獨立運動，我想，世界上大概沒有這麼如意的算盤！俗話說『甘蔗無雙頭甜』，不是嗎？」這番譬喻惹得現場不少女性噗嗤地笑了出來。

「我認爲做一個獨立運動者，至少要有這種程度的心理準備。不過我也不是強求各位一定要成爲獨立運動者。假設各位的生活中，私人時間與爲公付出的時間是九比一的比例，那麼希望大家能漸漸把公共的部分提高到三成或五成的比例，即使是我自己，也不可能百分之百將時間全部奉獻給公共事務，但是我敢自信地說，我至少已經達到七成！」

接下來向大家提起在開辦台灣青年社時，把住家用作辦公室的往事，也就是說，當時的我幾乎沒有任何家庭生活。

「衆人的幸福是獨立運動的最終目的！因此大家須要有錢出錢，有力出力！因此今天在這個地方，最懇切的盼望，便是希望大家能慷慨解囊，共襄盛舉。我不敢比照教會，要求大家捐出十分之一的所得，但是至少能有百分之一！如果月薪有一千美元的話，就捐出十塊錢！相信這對大家來說，應該很容易才對！」

假定全美的台灣人有三萬人，換算成戶數，大約是八千戶，如果每戶捐出十元，總數將高達八萬美元。如果台獨聯盟每個月能有這筆收入的話，對運動的進展不知將有多大的幫助。

這個捐出百分之一所得的概念，我是嚐試性地在休士頓首度提出，只見全場不約而同地點起頭來。由於效果不錯，我在達拉斯再度提出同樣的提案，並要求贊成者舉手呼應，果然又是全場舉手，熱烈響應。

努力向美國學習

不久，這趟美國之行逐漸進入尾聲，我漸漸放下心頭的顧慮。在我巡迴各地拜訪的過程中，發現我個人戰後流亡海外二十八年的經歷，已經成爲絕無僅有的存在，因此也對自己愈來愈有自信，而且在獨立運動這條路上，也沒有人的經歷比我更久。另外，對台語及台灣史的研究，也沒有人比我更投入，再則，也沒有人比我的頭更禿。

不過隨著終點站的接近，我內心也開始產生一股焦躁，畢竟美國如此遙遠，交通費用也不便宜，根本不知道何時能夠再度訪美。而且根據我的判斷，對台灣人而言，今後數年將是最好也是最後的機會，但是綜觀目前的情況，顯然大家的自覺及表現都有所不足。

從幼稚園到大學階段，我接受的都是日本式教育，日籍友人也不少。而我選擇逃亡日本，正來自於這段與日本切不斷、理還亂的緣份，事實上，當時也沒有其他的選擇。

不過對戰後台灣的年輕人而言，到美國或日本留學，基本上都有選擇的自由。在學問的鑽研方面，美國、日本或許難分軒輊，但是在生活條件與政治環境上，雙方卻有著明顯的落差。

畢竟日本過去曾是台灣的殖民母國，日本人一聽到台灣人，便不自覺地產生一種輕蔑的優越感（當然也有例外），這也是爲何有些旅日台灣人不得不隱藏自己身份的主因。

儘管日本政府對蔣介石的以德報怨政策有感恩的心理，願意對台灣人的犧牲有所補償，但是日本國內左傾的大衆媒體卻對中國敬之如鬼神，根本不敢正視台灣人民的心聲。

在這方面，美國果然不愧爲全世界的第一大國。儘管留學生的簽證期限已過，也不會罔顧人權，強迫將對方遣返，而且在才能至上的邏輯下，只要有競爭的實力，絕對不愁找不到工作。雖然台灣人在美國社會屬於少數族群，但至少還能在少數族群中獲得平等的待遇。

在國家的立場及影響力方面，美日兩造更是不成對比。美國不僅在阻止中國勢力的對外侵略上發揮了莫大的作用，更對蔣政權在台灣的過度壓迫及榨取行爲，有一定程度的監控力量。以筆者個人所見，如果台灣人民自己願意努力的話，美國確實不失爲一個可依靠的夥件。

筆者也曾經在美國遇到幾位因爲厭惡日本，或被日本政府驅逐出境，最後卻在美國揚名立萬、建立成功事業的台灣人。而住在美國的台灣人，也比日本的台灣人更活潑與自在，這也反映了兩者之間不同的國情。正因爲如此，筆者心中多少有些不滿，認爲這些台灣人更應努力向美國學習才對。

或許因爲留美的台灣人多偏向理工科系出身，所以對歷史或社會問題的關心度較低。當筆者抵達費城時，便迫不及待地向負責接待的人表示，希望能安排前往參觀「自由之鐘」。「那個破鐘有什麼好看的?」筆者這才知道，原來「自由之鐘」上頭有一條深深的裂痕。

在普羅維登斯所舉行的美東夏令營，我也向主辦者提出要求，希望能到車程約一個半小時的Plymouth去參觀五月花號。

「破船再怎麼看，還不是一樣嗎?」隱隱約約聽見有人這麼說。主辦者只好上台高呼：「有沒有人自願陪王教授到Plymouth去一趟?」結果沒有一個人舉手。但在活動的最後一天，終於有一位波士頓的同志看不過去，自告奮勇帶我去參觀五月花號。令人驚訝的是，當天有一座位於Plymouth附近的富豪宅邸正好也開放參觀，還收取門票，但是前往一探究竟的台灣人竟大有人在。

八月四日，筆者以「台灣史與美國史的比較」在夏令營進行了一場演講。一開場，筆者便毫不掩飾地強調，既然有這個難得的機會來到美國，正應該努力學習美國建國的精神與過程，其次不能錯過的是體驗自由與民主的生活。

事實上，台灣史與美國史有許多共通點。兩國人民同樣都是來自舊大陸的移民，充滿旺盛的冒險精神及勤勉的習性，因此才能夠在蠻荒之中開闢出一片新天地。他們一方面與原住民族協調交涉，另一方面又進行激烈的鬥爭　只不過遺憾的是，美國早在兩百年前便已建國成功，而台灣人民仍舊陷在殖民統治之下。

要追究兩者命運的分歧，確實有許多複雜的原因。但是最根本的原因應是基督教精神與儒教精神的不同。基督教認爲：在上帝面前，人人都是平等的；而古來儒教卻始終強調「普天之下，莫非王土，率土之濱，莫非王臣」的封建思想。另外，基督教認爲人人生來都帶有原罪，因此應採行多數決政治，才能避免產生各種弊病；而儒教世界卻堅持承受天命的唯一天子有統治天下蒼生的特權。在基督教社會中，大小官吏只不過是納稅人所聘僱的公僕，但是在儒教社會中，他們卻是代表天子管理人民的父母官，兩者之間的巨大落差一目瞭然。

儘管說得如此明白，但大家是否眞的瞭解，我完全沒有把握，畢竟在中華思想教育的影響下，許多台灣人的潛意識裏都信服「西學爲體，中學爲用」的「漢魂洋才」。

如果只學到美國人表面的生活方式，那簡直是枉費留學美國的辛勞了。如果能夠親身體驗，並領悟美國的自由主義及民主風氣，即使對台灣的歷史認識有限，筆者相信他還是能夠成爲堅強的獨立運動者。

美國的獨立宣言有一段是這麼說的：

「吾等認爲所有人都是平等的，皆由造物主所造，並且具有不可剝奪的天賦人權，其中包括生命、自由及追求自由的權利，這是不辯自明的眞理。而且吾等相信，爲了確保這些權利，人類之間必須組織政府，而其正當權力係來自被統治者的同意。」

對於台灣人而言，曾經留下「不獨立，毋寧死」這句名言的Patrick Henry的演說集，或湯瑪斯伯印所著的《Common Sense》，反而更具有參考與借鏡的價值。

必要的「價值觀轉換」

八月十三日在紐約同鄉會所主辦的演講會上，筆者臨場的心情可說悲壯到了極點。我在這趟美國之行中停留最久的美東，終於也到了道別離的時刻，忍不住傷感起來。

旅居紐約的台灣人可說是台僑中政治意識最高的一群。因此筆者心中暗忖，這場演講一定要下猛藥，即使偏離原定的主題也無所謂。不過主辦單位還是依照原來的協議，對外發佈講題爲「我的台灣史觀」。直到開場之前，筆者從舞台的一側窺伺，才發現到場人數僅約兩百左右，觀衆席上的空位顯得格外醒目。看來講題的設定似乎不妙，而且看來大約有四分之一的聽衆已經在Kingston聽過我的演講。

於是我當場決定變更演講內容，改題爲「台灣人必要的價值觀轉換問題」，這個題目在筆者的心中醞釀已久，但是一直沒有適當的機會發揮，今天姑且在此一試。

「這是我在美國的最後一場演講，對各位而言，這些話或許並不中聽，但是請大家原諒我這個初進大觀園的鄉巴佬，耐心地聆聽我個人的淺見。」

在如此不尋常的開場白之後，筆者首先提出的是「鼓勵不孝」的意見。

「就算是這短短的四、五年也好！請大家放棄回台灣的念頭！縱使此間雙親不幸過往，也必須按捺住回家奔喪的衝動！如果旅美的台灣人都不惜放棄回家的念頭，那麼大使館的黑名單就失去了作用！如果大家願意公開參與獨立運動的話，將對島內的台灣人民帶來莫大的激勵！」

「我個人已經二十八年未曾回到台灣。這麼長的時間沒回去，似乎也早已習慣了，那種強烈的返鄉情緒已漸漸淡了！在這段期間，我的父親、母親、岳父、岳母都相繼去世，聽說我的父親直到臨終前，還不忘數落我，說我終究是個不孝子！但是我決不承認自己是一個不孝子！相反地，我深信唯有從事獨立運動，才是孝順的最高表現！」

緊接著筆者又來了一記回馬槍，對家庭至上主義開火：「女性總是期盼著小市民式的幸福！對於已經建立獨立自主的民族國家來說，這一點原本無可厚非，但是台灣人現在才眞正要開始建立自己的國家！每個人難免都得付出或多或少的犧牲。請各位太太們鼓勵妳們的先生，勇敢地站出來參加獨立運動吧！這對孩子們的將來也有莫大的關聯！如果台灣無法獨立，新生命的誕生也算不上是值得慶賀的事！反正只不過是爲支配者增加奴隸的人數罷了！」

旅美的台灣人憑著天賦的聰穎與勤勉，一步步地建立起經濟面的實力。在這三、四年之間，從紐約、芝加哥、華盛頓、波士頓、休士頓到紐澤西等大都會，都陸續成立了台灣人的信用合作社，據說將來有合併成新銀行的計劃。

在紐約，台灣籍的企業家們也陸續在紡織、餐廳、珠寶及食品等領域嶄露頭角。不過也曾有台灣人扯自家人後腿的傳聞，結果反讓居中的猶太人坐享漁翁之利。

也有一些台籍醫生名下的房地產多得驚人，每戶光是房租收入便高達一萬美元。也有台裔人士出任聯邦政府的高級官員，還有耕作數百英畝土地的農夫。不過這可說是稅金政策下的自然結果，畢竟美國與日本不同，她採取積極獎勵不動產投資的策略。

這些台灣人非常懂得生活享受，有人從香港購入黑檀或樟木的高級傢俱，買下一艘八千五百美元的遊艇，連眉頭也沒皺一下。甚至還有人開始想購置自家用的小型飛機。

但是這種經濟上的成功，筆者以爲並不值得特別高興，因爲筆者在日本已經看夠了台灣出身的有錢人的嘴臉。無論如何，我衷心地期盼，這群安身於美國的established台灣僑民，千萬別再落入「有錢人乞食命」的窠臼。比起日本的台灣人而言，他們的教育水準較高，而且年紀也小得多。

最後筆者特別強調，台灣人所崇尙的「古意」、「忠厚」等美德，在我眼中根本就是奴隸的最佳性格。所謂的「古意」、「忠厚」，雖然是「個性善良、溫厚敦實」，但其含意卻十分廣泛。反過來說，他們也很容易接受他人的意見，並不疑有他地遵守約定及法律。這種人格特質根本無法爲終極理想而堅持罷工、遊行，甚至恐怖行動，總之，說得誇張些，這根本就是統治階層最期盼的人民性格。

有這種人格特質的人民，只適合住在無憂無慮的樂園裏，對於瀕臨生死存亡關頭的台灣人來說，反而是一種絕對的負面品性。

老實說，這場演講的反應並不理想，所募集的捐款總數不過才三百美元，令人大爲失望。

有些女性臨走時還不忘抱怨道：「因爲在Kingston聽的時候，覺得還有些意猶未盡，所以今天才來的，沒想到……」不過台灣語文推廣中心的D氏卻有著不同的看法：「王先生您眞的十分勇敢，能夠說出其他人不敢說的話！讓我們紮實地上了一課，感覺好像被人當頭棒喝一般！」

（刊於《台灣青年》二一二期，一九七八年六月五日）

（李明峻譯）

之七：大學、牛排及大停電

令人興奮的大學巡禮

長久以來連載的「美國旅行報告」，終於要在這一次畫上休止符了。過去這一連串嚴肅的話題，相信各位讀者多少也有些神經疲憊了，因此筆者希望在這最後一次的連載，稍微放開政治性的話題，讓大家輕鬆一下，寫一些自己在美國發現的趣事。

話雖這麼說，我第一個想到的還是大學和圖書館。畢竟我也屬於大學人的圈子，腦海中旋繞的，不外乎大學或教育研究的課題。而且這趟旅行的主要目的之一，便是「考察歐美諸大學的中國話、台灣話的研究現況」，在時間安排許可範圍內，筆者希望能夠參觀更多的大學，尤其是閱覽跟中國話、台灣話有關的文獻資料，如果可能的話，更希望有機會和學者或研究人員交換意見。

若依照拜訪的時間順序排列，我花費較多心思參訪的大學有：Syracuse、Bowling

Green(俄亥俄州)、科羅拉多、哈佛、麻省理工、普林斯頓、史丹佛(加州)及夏威夷大學等八所。

至於蜻蜓點水般稍微接觸的大學，則包括Queens(Kingston)、水牛城分校(紐約州立大學)、哥倫比亞、俄亥俄、布朗(Providence)、耶魯、凡德比爾特(Nashville)、田納西(Knoxville)、柏克萊分校(加州州立大學)等九所。

這些大學都有台灣出身的教授或留學生，我大都請他們代爲介紹，不過光是從高速公路上望見大學的校園，就夠讓筆者興奮的了。

由於這趟旅行的期間恰好和暑假重疊，因此無緣得見平日美國校園的光景，稍覺遺憾，不過大部分的學校都有暑期學校，因此還算熱鬧。

日本並沒有這種暑期學校制度，簡單地說，就是利用暑假期間，將該校的部分課程對全國的學生開放，進行約三個月的密集課程，課程結束後，通過測驗的學生便可獲得學分，其原本就讀的學校也會承認這些學分。

是否開設這些暑期講座，完全視教授的意願而定。如果願意開課的話，老師們可以獲得三個月份的額外薪水(一般大學教授的年度薪俸多以九個月計算)。如果是知名教授所開設的講座，通常都會湧進來自全國的學生，至於內容過於特殊的講座，則往往難獲學生的青睞。如果修課的學生人數過少，學校的收支無法平衡，課程亦會停擺。

筆者順道訪問夏威夷，是在結束美國之行的回程路上，時序已進入九月中旬，新學期早已開始，在綠意盎然的大學校園裏，隨處可見穿著aloha襯衫、迷你裙或muumuu(夏威夷婦女的寬大棉布衣)的各種膚色的學生，讓人充分感受到夏威夷的熱情與活力。

鄭良偉教授在夏威夷大學的東亞語言系任教，筆者特別到研究室拜訪他，並且請教他有關中國話和台灣話的研究狀況。根據他的說法，正式課程的教授只限於中國話，台灣話並未包括在內。連台灣語的研究專家鄭教授所在的夏威夷大學都如此，其他學校的狀況可想而知。這麼說來，筆者在東京外語大學的「中國方言特殊研究」課程所教授的台灣話，說不定是全世界唯一的正式台灣話教育。而最難能可貴的是，鄭教授所不斷持續發表的台語研究相關論文，竟然與學校的課程無關，完全是他個人的研究成果。

美國的大學與日本不同，似乎並未規定學生必須修習第二外國語做爲通識課程的學分。有興趣或有需要的學生，可以自由選擇修習。如果原本就沒開設此類講座的大學，那就更加別談了。

由於使用中國話的需求不大，因此美國的中國話研究者很少。相對地，由於研究的學者少，成果自然有限，相較之下，日本的中國話研究反而較爲深厚踏實，學界的素質也高，兩者之間的落差至爲明顯。

至於世界知名的學者，如趙元任、李方桂、周法高、王士元等，早在中國或台灣的時期便已自成一家，並非到美國之後才闖出名號。

而在台語研究方面，更不免令人感到孤獨與寂寞。儘管聽說有幾位台灣留學生選擇語言學方面的研究，但是在取得學位及教職之後，幾乎沒有人針對台灣話進行持續的研究。

筆者心中原本也在期待，聽到我訪美的消息，有興趣的同好也許會前來拜訪，沒想到最後連這個小小的期待也落空了。當然筆者也十分清楚，研究台語確實換不了飯吃，但是心中還是難免有種自私的期盼，希望有心人能夠持續關心或進行研究。其實當筆者還在日本的時候，有人曾經寄來研究論文，表示願意與我交換意見，而在這趟美國之行中，雙方也曾經在某個場合巧遇，但後來對方似乎有些吃驚，從此再也不見踪影。筆者愈來愈覺得，台灣人研究台語，誠實的心態應遠高於優秀的頭腦。

離紐約西南方大約一個半小時車程的普林斯頓大學，向來以理工科系聞名（校園內還妥善保存著愛因斯坦的故居）。筆者之所以特別注意這所學校，係因好友橋本萬太郎氏（亞非語言文化研究所教授）曾被該校聘爲客座教授，負責推動福建話的研究計劃，結果培養出N. C. Bodman與J. L. Norman等研究學者。不過在橋本返日之後，這項計劃也隨之結束了，研究助理們也各自分道揚鑣。我無緣拜見他們現在的研究成果，感到有些遺憾。

提到圖書館，誰都無法否認，全美第一非哈佛的燕京圖書館莫屬。館內共計有五十萬二千九百三十三册藏書，其中中文部分便有三十萬册以上，日語部分亦在十萬册以上，此外如韓語、蒙古語、滿洲語、西藏語及西域一帶語言，合計亦達數萬冊之譜。四〇年代左右，燕京圖書館的藏書不過才十五萬九千九百七十七冊，五〇年代則增至二十二萬四千五百八十八冊，戰後，藏書增加的速度更是驚人。

專門搜羅東洋學相關文獻資料，但規模如此龐大的圖書館，即使在日本也極爲罕見。在陳列定期刊物的閱覽室裏，筆者發現《台灣青年》、《台獨》也夾雜在亞洲各國的主要報紙雜誌之中，不禁感到一陣意外的驚喜。

普林斯頓大學的藏書亦高達三十萬冊左右，由於藏書增加的速度過快，工作人員簡直來不及整理及歸檔。在圖書館的入口處，還張貼著一張感謝日本政府捐款（亦即所謂的田中基金）的謝辭。

至於台灣的相關資料，由於有日文及中文兩種，因此不同的圖書館往往有不同的分類法，有些歸類在日本相關資料，有些歸屬於中國領域，因此經常惹得館員一頭霧水。不過幾乎絕大部分的圖書館都能找到《台灣—苦悶的歷史》及《台灣話常用語彙》等書，聽到眼前的筆者就是該書的作者，館員們也都覺得十分興奮。

至於東洋學相關資料的管理員，大多由與筆者同年代的台灣人或韓國人擔任，筆者以爲，同時具有日文及中文能力，或許是他們得以受託這項工作的主因。

最令人驚訝的是，夏威夷大學圖書館竟然完整地搜羅了梶山季之的八千冊藏書。梶山季之出生於朝鮮，因此對朝鮮的種種至為關心，甚至還以朝鮮的歷史為背景，寫下了《李朝殘影》的小說。此外，只要是有關日本時代的朝鮮資料或文獻，他都毫不吝惜地傾囊搜購。而同樣身為日本殖民地的台灣，梶山也蒐集了不少相關資料，其中還有不少書連筆者都從未見過。負責管理書籍的日裔館員顯然對這部分館藏十分自豪。

初見柏克萊分校與水牛城分校廣袤的校地，簡直讓筆者瞠目結舌。隔著舊金山灣與舊金山市相望的柏克萊市，便是柏克萊分校的所在地，柏克萊市南側則緊鄰著奧克蘭市。其實整個大學校園恰好座落在一個大丘陵上，如果沒有車子代步的話，要逛完整個校園，不知得花費多久時間。東京大學的本鄉校區大約有三萬坪，在日本已經是數一數二的超級學校，然而從正門走到池之端，也不過才二十分鐘，兩者相較之下，大家應可體會到柏克萊校園的規模了。

而水牛城分校只不過是紐約州立大學近二十所分校中的一所。校園位於紐約市郊，佔地極為廣闊，處處可見高聳的大型建築，有些甚至還在興建中，如果開車環繞校區一周，至少需要花上二十分鐘。

如果要論校園景緻，東岸以耶魯為最，西岸則非史丹佛莫屬了。耶魯大學是與哈佛齊名的名校，校園內散佈許多中古時代風格的建築，連高度大小都大同小異。

哈佛則是歷史悠久的名校，在過去的三百年間，學校的規模逐漸擴大，如今校園已經與鄰近市街結為一體，走在校園裏，不僅可見到用茶褐色磚砌成的古色古香的老式建築爬滿長春藤，同時也可見到完全由灰色混凝土構成的新式樓館，不免讓人有雜亂之感。

由舊金山駕車南下到史丹佛，大約需要一小時。學校距離聖荷西不遠，在加州獨有的燦爛陽光下，充滿西班牙風情的校舍洋溢著一股令人迷醉的異國情趣。

美國的大學並沒有所謂的入學考試，學生的高中成績與全國學力測驗(Scholastci Aptitude Test)即是進入大學的取決標準。像哈佛、耶魯等著名的私立大學，除了要求相當程度的成績以外，同時還必須進行學生的身家調查。光是學費與宿舍費用，一年就得花費一萬美元左右，若非具有相當經濟基礎的家庭，根本難以支應這筆費用。

只要通過這些書面資料的審查，學生便能夠順利進入大學就讀，因此入學後的各項學科測驗將是學生實力的眞正考驗，無怪乎常有人說，美國的大學進去容易出來難。日本的情況則不然，各所大學有獨立考選學生的權威與責任，各自舉辦入學測驗選取學生。通過如此嚴格考驗才入學的學生，除非發生刑事案件或滯納學費，幾乎不會因為成績而遭退學，這便是日本大學通融人情的一面。不過筆者很難片面評斷，美國與日本的制度究竟孰者較優。

說到吃的方面

在這趟美國之行中，天生嘴饞的筆者只要有人家招待餐食，無論什麼都覺得好吃。連我自己也覺得不可思議，整趟行程下來，不但沒發生吃壞肚子的情況，回到日本還胖了三公斤。

「美國最好吃的還是牛排！其他的東西對來自日本的客人而言，可說沒有什麼吸引力！」一下飛機就聽到人家這麼說，於是剛到美國的第二天，一大早便被地主邀請到洛杉磯機場附近的旅館餐廳享受一頓豐盛的牛排大餐。因爲我在日本時也少有機會吃到牛排，不禁爲之食指大動。

此後，筆者又陸續接受招待，吃了十幾次的牛排，可是卻從未發現，原來西方人在排餐正式上桌之前，習慣多吃些餐前的生菜沙拉，或許這在營養學上有什麼特別的理由吧。一般餐廳多採取開放式的沙拉巴，由顧客自行選取喜歡的生菜，沙拉醬的種類也很豐富。

沒想到端上桌的牛排足足有草鞋那麼大，光看就飽了。其實當時筆者已經連續兩天沒上大號，再加上時差還未調整過來，身體狀況並不理想。

「這眞是前所未見！我投降了！能不能請誰幫我吃一半？」

「哈哈哈……沒問題啦！您一定吃得下啦！」隨行赴美的許世楷也殷勤催促，可是自己就是沒辦法，最後還是分了一半給其他人，才覺得份量剛剛好。筆者心中不禁暗自吃驚，難道來到美國的台灣人，胃袋也撐得像美國人一樣大嗎？否則大家怎麼如此能吃！

此後筆者每次上西餐廳，總不忘特別指定份量較少的牛排。可是份量少，不一定代表價錢便宜。某次在華盛頓DC的演講結束後，順道搭親戚的便車上西餐廳，對方這才告訴我，普通的牛排餐頂多一客五、六塊美金，而我點的卻要九塊錢。原來這些屬於肉中極品，一頭牛身上能夠取得的肉量本來就不多，價錢自然也貴得多。

不過有一次，筆者在S大學的教職員餐廳點燉牛肉（stew），難吃的味道至今難忘。肉質本身或許不錯，但是調味的技巧實在太差，跟日本的口味簡直有天壤之別。

筆者對西餐並沒有特別的好惡，只不過跟日本相比，此間的種類似乎少了許多。或許是少了日本式的樣品展示，所以自己才不明究理也說不定。不過有一位曾經留學國外的前輩表示，美國人的味覺遲鈍的確是出了名的。在旅美台灣人眼中，普遍認爲西餐最大的特色就是又貴又不好吃。因此除了吃牛排之外，幾乎都不會招待筆者上西餐廳。

由於台灣四面環海，喜歡吃魚似乎是台灣人的天性。而旅美的台灣人多將海產稱爲「海鮮」，想來是源自於seafood的直譯吧。

在西岸的洛杉磯、舊金山或東岸的紐約、波士頓，都能嚐到新鮮的近海魚類。其中最有名的，要算是波士頓的龍蝦了。這裏的龍蝦外型酷似日本的伊勢蝦，只不過多了兩支巨大的蝦螯，看起來有些怪異。在舊金山的漁人碼頭，經常停放著一長排兜售水煮螃蟹的廂型車，現在已經成爲當地的勝景之一。順便一提，在紐約唐人街，一磅（二十尾）鮮蝦（十二cm）售價是四美元，小鷄般大小的西施舌每只索價六美元，生貝柱每磅則要二・八九美元。

到了內陸地帶，新鮮的海產就較少見了，不過冷凍品還是應有盡有。到了湖泊分佈地區，水產魚蝦則是樣樣不缺。筆者到達拉斯訪問時，投宿在某位台南一中時代教過的學生家中(目前在一家鋼鐵公司擔任重要幹部)，他居然特別準備了昨晚剛釣到的溪魚作爲歡迎筆者的晚餐，那股鮮美的滋味，至今仍叫人念念不忘。

不過最好吃的海產還是要算華盛頓DC郊外的那家seafood house。從市區駕車前往這家餐廳，足足得花一個小時以上，等車子到了店門口，竟然已有幾十個人在排隊。我天生性急，即使在東京，不管是上理髮廳或買車票，只要有人在排隊，總是掉頭就走。

這時王能祥氏特別安慰道：「這些人可是花了兩三個小時的時間，特別到這兒來排隊的呢！不過這裏的料理到底有沒有這個價值，就讓王先生您自己來評鑑好了！」

當我們在排隊時，不少用完餐的客人陸續走出餐廳，只見孩子指著自己凸出的小腹，笑盈盈地望著父母，而老爸則叼著一支牙籤，身旁的太太也滿臉笑意地攬著先生的胳臂，那份滿足的模樣，充分表現在舉手投足之間。我們不由得嚥了嚥口水，大約等了半小時，終於輪到我們上桌。

只見寬廣的餐館大廳早已擠滿用餐的客人，筆者不禁吃了一驚。

「太棒了！要點些什麼呢？您看這個如何？」才剛坐上桌，王能祥氏就迫不及待地推銷起菜單。聽完他的說明，我才知道這家餐廳有一項特別服務：「主廚推薦料理」，只要點這些菜，就能夠不斷續盤，若價錢比原來的低，也可以更換項目。他們把這種方式稱爲All you can eat。

我們四個人一開始就點了最貴的「阿拉斯加蟹腿」(Alaskan Crab Legs，六美元九五分)。等主角端上了桌，我才發現原來阿拉斯加蟹就是日本人說的松葉蟹。此地的吃法是將蒸得赤紅的蟹腳沾上沙拉醬或美乃滋，沒有什麼特別的，但是材料本身的滋味足以讓人齒頰留香。

松葉蟹在日本可不是一般人消費得起的珍品！吃著吃著，不一會兒便盤底朝天，我們試著鼓起勇氣要求續盤，結果發現能夠追加的數量有限。由於侍者頻頻鼓吹，我們終於抱著嘗試的心態，點了貝柱和油炸牛蛙，細心的侍者還特別爲我們換裝較小的餐盤，或許是怕我們吃不習慣吧。

坐在外側的S氏悄悄對筆者說：「您看！坐在那邊的女人已經追加第四盤大蟹了呢！」朝他手指的方向一看，果不其然，桌上早已堆滿了螃蟹殼，而她背對著我們的身影，簡直活像一頭大象。

我不禁替餐廳擔心起來，如果來客都這麼能吃的話，餐廳的經營會不會出問題呢？

美國的大都市通常都能看到日本料理店的蹤跡。其中尤以紐約和洛杉磯的小東京最爲有名，不過如今洛杉磯顯然已非紐約的對手，在小東京一帶的東一街及東二街，細數之下，大概有二三十家日本料理店。店名有的叫做「松のすし」，有的叫「葵」或「十和田」，多少都帶點日本的鄉土氣，規模也不大。而紐約以第五街的洛克斐勒中心為圓心，周圍至少有近百家的日本料理店，例如中川、吉兆、べにはな、江戸、淀、初花等，從店名就能看出主人刻意營造的痕跡，店面裝潢更是極盡豪華之能事，看來應是大資本進出的結果。

有時負責接待的主人會細心地顧慮到筆者的思鄉情懷，特別到日本料理店設宴款待，不過這裏的價格確實高得嚇人，比起西餐或中餐都貴得多。以壽司為例，一人份的手握壽司就要花上七、八塊美金，如果坐在櫃檯前面的話，一個人的基本花費可能要二十美金。儘管店家大肆宣傳自家的海鰻魚或斑鯽全都是日本空運過來的眞材實料，不過吃起來卻沒有想像中的可口。而一客天婦羅的套餐竟然也要六、七塊美金，雖然份量足足有日本的一・三倍。

這些日本料理店似乎無時無刻都生意興隆，不過客人幾乎都是日本人，應該大多是生意應酬的上班族。

在台獨聯盟的辦公室附近，筆者找到一家名叫どさんこ的札幌拉麵店，門上掛著橙黃色的招牌，店員們都穿著整齊的日式號衣。札幌拉麵每份兩塊七十五分，加上小費的話，大約是三塊美金。不僅味道跟日本一模一樣，口味更是沒話說。儘管筆者對此情有獨鍾，可是紐約上班族的典型中餐，頂多是三明治配上一杯咖啡，平均只要一塊半到兩塊美金，三塊錢的拉麵已算是奢侈的享受了。

至於中華料理方面，從蒙特婁、紐約、華盛頓DC、波士頓、芝加哥到舊金山的唐人街，地主們都熱情地招待筆者到當地最知名的餐館，此外如漢明頓、Nashville、聖荷西乃至夏威夷的中餐廳，旅途中也都有機會一飽口福，不過其中稱得上物美價廉的，還是紐約。和西餐、日本料理比起來，中華料理的價位最低。在曼哈頓的中餐廳擺上一席酒宴，包含小費在內，大約八十塊美金，不過保證讓您大呼值回票價。

美國人通常偏好炒麵或egg roll，不過這裏的做法跟東京的高級餐廳不同，並非將蘸醬直接澆淋在表面，當然更不是澆拌調味醬的方式，感覺上比較接近台灣的做法，正好符合筆者的口味。而egg roll則是日本人所說的炸春捲，一個索價五十分。儘管價格不菲，不過內容倒是十分紮實，很容易塡飽肚子。

另外，我也在投宿的台灣人家庭裏享受到了女主人用心準備的台灣料理。由於大多數台灣留學生都是大學畢業後不久即赴美，因此少有在大家庭中掌廚的經驗。遇到需要眞槍實彈上場時，只好憑個人的天賦跟靈感了。據說有一本名爲《中國食譜》的料理百科是這群台灣太太最歡迎的暢銷書。

大多數台灣家庭的早餐主食是麵包，由於多爲雙薪家庭，難怪省時省工的西式早餐較受青睞。而且他們多向老美看齊，早上起床，先來杯咖啡提提神。即使特別爲筆者準備了稀飯當早點，主人往往還是在一旁啜飲熱咖啡。

當他們不小心瞥見筆者好奇的眼光，才連忙辯解道：「習慣了，也改不了！」還順道向我推銷，要不要也來一杯咖啡。不管怎麼說，稀飯配咖啡實在有點怪異，筆者只好婉拒主人的好意，對方也只有聳聳肩，露出苦笑。

不過佐菜的樣式卻出人意料之外的豐富！從香腸、肉酥、醬瓜、荷包蛋到火腿，可說一應俱全。眼見如此豐盛的家鄉美味擠滿了餐桌，筆者簡直快要流下感動的淚水了。這些，大多是台灣的雙親帶來的土產，如果庫存消耗完畢了，只要到唐人街逛一圈，幾乎什麼東西都買得到。感覺起來，這裏的貨色比橫濱的中華街還齊全，來自香港、中國或台灣的貨源可說無一日間斷。至於蔬菜方面，當地甚至有人專門栽培和台灣相同的種類，因此根本不需擔心缺貨。

在華人較少的中小型都市，雖然不容易買到生鮮的食材，不過只要上東方物產專賣店走一趟，南北乾貨還是十分容易取得。這些商店的主人多為廣東人、韓國人或越南人，偶爾也會遇上台灣人。

每當舉行同鄉會活動時，如果有聚餐，通常會同時安排台灣料理及西式料理，而孩子們總是不約而同地湧向西式料理的攤位。看到他們寧可吃漢堡、三明治和炸薯條，也不願意嚐嚐肉粽或米粉，不免讓人感覺有些遺憾。看來台灣人連飲食習慣的美國化速度也十分驚人。

大停電

最後筆者想談談七月十三日紐約大停電的親身經驗。

當晚筆者正好陪同彭明敏先生及張金策、吳銘輝諸氏，前往帝國大廈附近的中華餐廳參加獨盟盟員的訂婚酒會。沒想到將近九點左右，適逢一道炸鯉魚丸正要上桌，全場的電燈突然瞬間熄滅。大家原都以爲這是餐廳本身的電力系統故障，可是卻一直無法修復。不久，各桌開始議論紛紛，浮動的情緒隨著吵雜的聲音越來越高，終於看見侍者們拿著蠟燭走出來，衆人不禁響起一陣歡呼，有人甚至開始唱起「螢光曲」來。我心中不禁暗自叫絕，不愧是開朗活潑的老美作風。

由於廚房已無法繼續料理，侍者們開始在顧客間分發收據，慢慢地開始有人離開，臨走前還不忘在桌上留下小費。連我們也不得不死心了，準備打道回府。

等到我們步出餐廳，才發現這是全市的大停電。此時街上早已擠滿了喧鬧的人群，摩登的大都會瞬間化爲吵雜的菜市場。我們一行約十來人，必須分成兩三個方向各自回家。張主席得開車返回紐澤西的住家，沒想到卻在林肯隧道前被塞得動彈不得。由於十字路口的燈號早已失靈，四面八方的來車無不爭先恐後想強行通過，結果所有人都塞在車陣之中。坐在車中，只聽見到處有人大聲咒罵，刺耳的喇叭聲更從未間斷。

如果這種事情發生在東京的話，交通警察早就出動，站在第一線負責交通指揮的工作了。畢竟誰也不知道，停電究竟要持續多久。

令人驚奇的是，直到我們離開曼哈頓爲止，竟然連一個警察的影子也沒見到。我們好不容易回到紐澤西的住家時，已經超過晚上十一點，不過聽說去皇后區方向的車子，竟然深夜兩點才到家。因爲橫跨East River上的Queensboro大橋根本擠得水洩不通。

據說有不少紐約市民當天乾脆放棄回家，直接投宿在曼哈頓的旅館。雖說住的是豪華旅館，但實際情況卻是男女雜處，大伙兒全都擠在大廳的地板上睡覺。原因是旅館雖然有房間，可是一聽櫃檯人員說得爬上五十八層樓梯，幾乎所有人都回答：「No! Thank you!」這是後來刊載在紐約時報上的一則笑話。

廣播電台、電視台雖然在第一時間便恢復運作，但是隔天的報紙卻開了天窗，直到第二個清晨拿到報紙一看，才發現地圖上塗滿了一塊塊漆黑的標記，表示停電當夜遭到搶劫的地區。

除了曼哈頓的哈林區之外，布朗克斯及布魯克林等貧民區附近也受到不小的損害。街上櫛比鱗次的商店，包括食品店、電器用品店、家具店、汽車行等，幾乎所有店家都難逃被搶的命運，歹徒除了搬走庫存商品之外，甚至連新車也開走，有些惡劣的傢伙臨走時竟然還點上一把火。當天被檢舉的人犯超過七千名，把看守所擠得人滿爲患。說這是一場小型的暴動也不爲過。美國社會的病態也由此可見一斑，眼前似乎也沒有什麼有效的解決之道。

由於距離住宿的地點較遠，筆者少有機會造訪該地區，只有兩次曾順道前往中央公園另一端的哈林區一探究竟。一次是搭乘友人的便車前往哥倫比亞大學參觀的途中繞道經過，另一次則是自己搭公車到終點站，回程則改搭地下鐵。

筆者這兩次造訪，都只是透過車窗遠遠地望著兩側的黑人住宅區，只見從人行道到馬路上，像螞蟻般擠滿了密密麻麻的黑人。他們或站或坐，有些人在閒聊，有些人則三兩成群地玩球，甚至還有人把消防栓的止水閥拆下，大方地玩起露天噴泉的遊戲。我看在眼中，彷彿是另一個異樣的世界。如果下車步行的話，眞不知道會遭遇什麼下場。想到這裏，不覺不寒而慄。

這些黑人大多依靠每個月數百美元的社會救濟金度日，雖然找工作並不是太大的問題，但是所得跟前者相差無幾，所以絕大多數人便選擇了閒晃度日的生活。而趁著停電的混亂趁火打劫，或是到附近地下鐵車站任意塗鴉，便成了他們最得意的傑作。這對於誠實的納稅人確實是難以忍受的荒謬，雖然美國政府也有意重新檢討福利政策，但其中還摻雜了複雜的教育及勞動意願問題，一時間恐怕也不容易找出解決的良策。

（刊於《台灣青年》二一四期，一九七八年八月五日）

（李明峻譯）

王育德年譜

1924年 1月	30日出生於台灣台南市本町2-65
30年 4月	台南市末廣公學校入學
34年12月	生母毛月見女史逝世
36年 4月	台南州立台南第一中學校入學
40年 4月	4年修了，台北高等學校文科甲類入學。
42年 9月	同校畢業，到東京。
43年10月	東京帝國大學文學部支那哲文學科入學
44年 5月	疎開歸台
11月	嘉義市役所庶務課勤務
45年 8月	終戰
10月	台灣省立台南第一中學(舊州立台南二中)教員。開始演劇運動。處女作「新生之朝」於延平戲院公演。
47年 1月	與林雪梅女史結婚
48年 9月	長女曙芬出生
49年 8月	經香港亡命日本
50年 4月	東京大學文學部中國文學語學科再入學
12月	妻子移住日本
53年 4月	東京大學大學院中國語學科專攻課程進學
6月	尊父王汝禎翁逝世
54年 4月	次女明理出生
55年 3月	東京大學文學修士。博士課程進學。

57年12月　『台灣語常用語彙』自費出版

58年 4月　明治大學商學部非常勤講師

60年 2月　台灣青年社創設，第一任委員長(到63年5月)。

3月　東京大學大學院博士課程修了

4月　『台灣青年』發行人(到64年4月)

67年 4月　明治大學商學部專任講師

埼玉大學外國人講師兼任(到84年3月)

68年 4月　東京大學外國人講師兼任(前期)

69年 3月　東京大學文學博士授與

4月　昇任明治大學商學部助教授

東京外國語大學外國人講師兼任(→)

70年 1月　台灣獨立聯盟總本部中央委員(→)

『台灣青年』發行人(→)

71年 5月　NHK福建語廣播審查委員

73年 2月　在日台灣同鄉會副會長(到84年2月)

4月　東京教育大學外國人講師兼任(到77年3月)

74年 4月　昇任明治大學商學部教授(→)

75年 2月　「台灣人元日本兵士補償問題思考會」事務局長(→)

77年 6月　美國留學(到9月)

10月　台灣獨立聯盟日本本部資金部長(到79年12月)

79年 1月　次女明理與近藤泰兒氏結婚

10月　外孫女近藤綾出生

80年 1月　台灣獨立聯盟日本本部國際部長(→)

81年12月　外孫近藤浩人出生

82年 1月 長女曙芬病死
台灣人公共事務會(FAPA)委員(→)
84年 1月 「王育德博士還曆祝賀會」於東京國際文化會館舉行
4月 東京都立大學非常勤講師兼任(→)
85年 4月 狹心症初發作
7月 受日本本部委員長表彰「台灣獨立聯盟功勞者」
8月 最後劇作「僑領」於世界台灣同鄉會聯合會年會上演，親自監督演出事宜。
9月 八日午後七時三〇分，狹心症發作，九日午後六時四二分心肌梗塞逝世。

王育德著作目錄

（行末●爲〔王育德全集〕所收冊目）

黃昭堂編

1 著書

1 『台湾語常用語彙』東京・永和語学社，1957年。 ❻

2 『台湾——苦悶するその歴史』東京・弘文堂，1964年。 ❶

3 『台湾語入門』東京・風林書房，1972年。東京・日中出版，1982年。 ❹

4 『台湾——苦悶的歴史』東京・台湾青年社，1979年。 ❶

5 『台湾海峡』東京・日中出版，1983年。 ❷

6 『台湾語初級』東京・日中出版，1983年。 ❺

2 編集

1 『台湾人元日本兵士の訴え』補償要求訴訟資料第一集，東京・台湾人元日本兵士の補償問題を考える会，1978年。

2 『台湾人戦死傷，5人の証言』補償要求訴訟資料第二集，同上考える会，1980年。

3 『非常の判決を乗り越えて』補償請求訴訟資料第三集，同上考える会，1982年。

4 『補償法の早期制定を訴える』同上考える会，1982年。

5 『国会における論議』補償請求訴訟資料第四集，同上考える会，1983年。

6 『控訴審における闘い』補償請求訴訟資料第五集，同上考

える会，1985年。

7 『二審判決"国は救済策を急げ"』補償請求訴訟資料速報，同上考える会，1985年。

3 共譯書

1 『現代中国文学全集』15人民文学篇，東京・河出書房，1956年。

4 學術論文

1 「台湾演劇の今昔」，『翔風』22号，1941年7月9日。

2 「台湾の家族制度」，『翔風』24号，1942年9月20日。

3 「台湾語表現形態試論」(東京大学文学部卒業論文)，1952年。

4 「ラテン化新文字による台湾語初級教本草案」(東京大学文学修士論文)，1954年。

5 「台湾語の研究」，『台湾民声』1号，1954年2月。 ❽

6 「台湾語の声調」，『中国語学』41号，中国語学研究会，1955年8月。 ❽

7 「福建語の教会ローマ字について」，『中国語学』60号，1957年3月。 ❾

8 「文学革命の台湾に及ぼせる影響」，『日本中国学会報』11集，日本中国学会，1959年10月。 ❷

9 「中国五大方言の分裂年代の言語年代学的試探」，『言語研究』38号，日本言語学会，1960年9月。 ❾

10 「福建語放送のむずかしさ」，『中国語学』111号，1961年7月。 ❾

11 「台湾語講座」，『台湾青年』1～38号連載，台湾青年社， ❸

1960年4月～1964年1月。

12 「匪寇列伝」,『台湾青年』1～4号連載，1960年4月～11月。 ⓮

13 「拓殖列伝」,『台湾青年』5，7～9号連載，1960年12月，61年4月，6～8月。 ⓮

14 「能吏列伝」,『台湾青年』12，18，20，23号連載，1961年11月，62年5，7，10月。 ⓮

15 "A Formosan View of the Formosan Independence Movement," *The China Quarterly*, July-September, 1963.

16 「胡適」,『中国語と中国文化』光生館，1965年，所収。

17 「中国の方言」,『中国文化叢書』言語，大修館，1967年所収。 ❾

18 「十五音について」,『国際東方学者会議紀要』13集，東方学会，1968年。 ❾

19 「閩音系研究」(東京大学文学博士学位論文)，1969年。 ❼

20 「福建語における『著』の語法について」,『中国語学』192号，1969年7月。 ❾

21 「三字集講釈(上)」,『台湾』台湾独立聯盟，1969年11月。「三字集講釈(中・下)」,『台湾青年』115，119号連載，台湾独立聯盟，1970年6月，10月。 ❽

22 「福建の開発と福建語の成立」,『日本中国学会報』21集，1969年12月。 ❾

23 「泉州方言の音韻体系」,『明治大学人文科学研究所紀要』8・9合併号，明治大学人文研究所，1970年。 ❾

24 「客家語の言語年代学的考察」,『現代言語学』東京・三省 ❾

堂，1972年所収。

25 「中国語の『指し表わし表出する』形式」，『中国の言語と文化』，天理大学，1972年所収。 ❾

26 「福建語研修について」，『ア・ア通信』17号，1972年12月。 ❾

27 「台湾語表記上の問題点」，『台湾同郷新聞』24号，在日台湾同郷会，1973年2月1日付け。 ❽

28 「戦後台湾文学略説」，『明治大学教養論集』通巻126号，人文科学，1979年。 ❷

29 「郷土文学作家と政治」，『明治大学教養論集』通巻152号，人文科学，1982年。 ❷

30 「台湾語の記述的研究はどこまで進んだか」，『明治大学教養論集』通巻184号，人文科学，1985年。 ❽

5 事典項目執筆

1 平凡社『世界名著事典』1970年，「十韻彙編」「切韻考」など，約10項目。

2 『世界なぞなぞ事典』大修館書店，1984年，「台湾」のことわざを執筆。

6 學會發表

1 「日本における福建語研究の現状」1955年5月，第1回国際東方学者会議。

2 「福建語の教会ローマ字について」1956年10月25日，中国語学研究会第7回大会。 ❾

3 「文学革命の台湾に及ぼせる影響」1958年10月，日本中国学会第10回大会。 ❷

4　「福建語の語源探究」1960年6月5日，東京支那学会年次大会。　❾

5　「その後の胡適」1964年8月，東京支那学会8月例会。

6　「福建語成立の背景」1966年6月5日，東京支那学会年次大会。　❾

7　劇作

1　「新生之朝」，原作・演出，1945年10月25日，台湾台南市・延平戯院。

2　「偸走兵」，同上。

3　「青年之路」，原作・演出，1946年10月，延平戯院。

4　「幻影」，原作・演出，1946年12月，延平戯院。

5　「郷愁」，同上。

6　「僑領」，原作・演出，1985年8月3日，日本，五殿場市・東山荘講堂。　⓫

8　書評（『台灣青年』掲載，数字は號數）

1　周鯨文著，池田篤紀訳『風暴十年』1　⓫

2　さねとう・けいしゅう『中国人・日本留学史』2　⓫

3　王藍『藍与黒』3　⓫

4　バーバラ・ウォード著，鮎川信夫訳『世界を変える五つの思想』5　⓫

5　呂訴上『台湾電影戯劇史』14　⓫

6　史明『台湾人四百年史』21　⓫

7　尾崎秀樹『近代文学の傷痕』8　⓫

8　黄昭堂『台湾民主国の研究』117　⓫

9　鈴木明『誰も書かなかった台湾』163　⓫

10 張文環『地に這うもの』180 ⓫
11 加藤邦彦『一視同仁の果て』226 ⓫
12 滝沢毅『中国革命の虚像』229 ⓫
13 黄昭堂『台湾総督府』248 ⓫

9 論文(各誌)

1 「台湾演劇の確立——栄光に輝く茨の道」,『中華日報』文芸版,1946年3月21日。 ⓫
2 「文学革命と五四運動」,『中華日報』文芸版,1946年4月19日。 ⓫
3 「封建文化の打破——台湾青年の進むべき道」,『中華日報』文芸版,1946年6月7日。 ⓫
4 「孔教の再認識」(上)(下),『中華日報』文芸版,1946年7月26日,8月1日連載。 ⓫
5 「彷徨へる台湾文学」,『中華日報』文芸版,1946年8月22日。 ⓫
6 「内省と前進の為に——台湾人の三大欠点」,『中華日報』文芸版,1946年9月5日。 ⓫
7 「見合結婚に就て」,『中華日報』文芸版,1946年9月21日。 ⓫
8 「三伯英台在台湾」,『華僑文化』(神戸),1953年12月,1954年1月号連載。 ⓫
9 「台湾光復後的話劇運動」『華僑文化』(神戸),1954年4月。 ⓫
10 「連雅堂で想うこと」,『台湾公論』4号,1959年12月。 ⓮
11 「ある台湾独立運動者の主張」,『世界』1962年4月号。 ⓬
12 「自由を愛する諸国民に訴える」,『新勢力』1962年4月号。 ⓬
13 座談会「引き裂かれた民族」,『現代の眼』1962年11月号。 ⓬

14　「台湾独立運動の真相」，国民政治研究会講演録，1962年6月8日。　⓬
15　「日本の台湾政策に望む」，『潮』1964年新春特別号。　⓬
16　「日本の隣国を見直そう」，『高一コース』1964年6月号。　⓬
17　「台湾独立への胎動」，『新時代』1964年7月号　⓬
18　「台湾の独立運動強まる」，『全東京新聞』1442号，1964年2月19日。　⓬
19　「ライバルの宿命をもつ日中両国」，『評』1965年4月号。　⓬
20　「日本・中国ライバル論」，『自由』，1965年7月号。
21　「反面教師」，『日本及日本人』1970年陽春号。
22　「ひとつの台湾」，『経済往来』1971年2月号。
23　「台湾人の見た日中問題」，『評論』1971年5月15日号。
24　座談会「ある独立運動の原点」，『東洋公論』1971年8月。
25　「台湾は愁訴する——島民の苦悩と独立運動の将来」，日本政治文化研究所，政治資料，102号，1971年9月。　⓬
26　「中華民国から『台湾共和国』に」，『新勢力』1971年11月号。
27　「台湾人は中国人と違う——民族を分ける4世紀の歴史」，『台湾』台湾独立後援会，4号，1973年1月15日。
28　「台湾は台湾人のもの」，『自由』1973年2月号。　⓬
29　「日中正常化後の在日華僑」，『電子経済』1973年3月号。
30　座談会「台湾人の独立は可能か」，『東洋公論』1973年5月号。
31　「台湾人元日本兵の補償問題」，『台湾同郷会新聞』1981年3月1日号。　⓬

32 「台湾と日本」，『瑞穂』9号，1981年7月。

33 「台湾を見棄ててよいか」，『さきもり』1982年1月号。

10 『台灣青年』論文・隨筆（數字は號數）

1 「台湾の新聞かく安保闘争を論ず」3 ⓭

2 "Cua wu khi Tapani"4 ❺

3 「パスポートを取り上げられるの記」5 ❿

4 「兄王育霖の死」6 ❿

5 「謝雪紅の教訓」6 ⓮

6 「破産に瀕せる台湾の教育」8～9，11，17，21，25連載 ⓭

7 「国府は沖縄の日本復帰に反対する」9 ⓭

8 「寓話と堕した『大陸反攻』——蒋経国の矛を以って蒋介石の盾を攻む——」9 ⓭

9 「呉主恵，この唾棄すべき文化幇間」13

10 「台南の2・28と私」15 ⓮

11 「台僑は独立の母」24 ❿

12 「兄の死と私」27 ❿

13 「『偏安』映画の標本——『薇薇的週記』を見て」30 ⓭

14 「台湾民族論」35～37連載 ⓬

15 「編集長を辞めて」38 ❿

16 「劉明電に見る中華人民共和国系台湾人の意識構造」158

17 「祖国台湾」(詩)161 ⓫

18 「2・28の台湾史的意義」162 ⓮

19 「台湾ハ古ヨリ中国ニ属セズ」162

20 「この愚かしくも哀れなる『祖国救済幻想』——『林歳徳氏の生活と意見から』——」165

治」298
61 「康寧祥氏の『和平』見解のナゾ」299 ⑫
62 遺稿「『一寸の虫にも五分の魂』の戦い」300 ⑫

11 詩・小説

1 「七絶四首」，『翔風』24号，1942年9月20日。 ⑪
2 「過度期」，『翔風』24号，1942年9月20日。 ⑪
3 「春の戯れ」，『中華日報』文芸版，1946年5月9日。 ⑪
4 「老子と墨子」，『中華日報』文芸版，1946年7月3日。
5 「鬍的」，『La Mancha』創刊号，1950年11月。 ⑪
6 「現時台湾政治歌」，台湾独立聯盟伝単。 ⑪

國家圖書館出版品預行編目資料

我生命中的心靈紀事／王育德著,邱振瑞等譯. 初版. 台北市：前衛, 2002［民91］

320面；15×21公分.

ISBN 957-801-352-3(精裝)

1.論叢與雜著

078　　91004241

我生命中的心靈紀事

日文原著／王育德

漢文翻譯／邱振瑞等

責任編輯／邱振瑞・林文欽

前衛出版社

地址：106台北市信義路二段34號6樓

電話：02-23560301　傳眞：02-23964553

郵撥：05625551　前衛出版社

E-mail：a4791@ms15.hinet.net

Internet：http://www.avanguard.com.tw

社　　長／林文欽

法律顧問／南國春秋法律事務所・林峰正律師

旭昇圖書公司

地址：台北縣中和市中山路二段352號2樓

電話：02-22451480　傳眞：02-22451479

獎助出版／ 財團法人國家文化藝術基金會 National Culture and Arts Foundation

贊助出版／海內外【王育德全集】助印戶

出版日期／2002年7月初版第一刷

Printed in Taiwan　ISBN 957-801-352-3

定價／280元